"十三五"国家重点图书出版规划项目

画说棚室黄瓜绿色生产技术

中国农业科学院组织编写

郎德山　编著

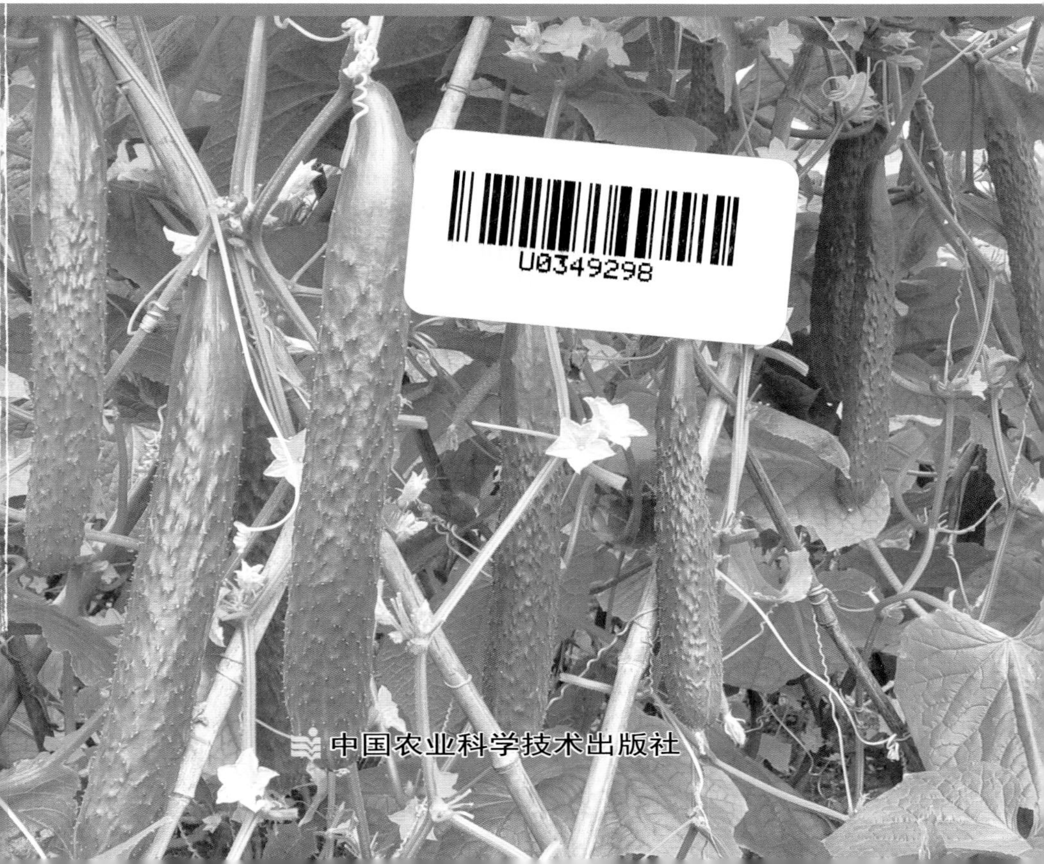

U0349298

中国农业科学技术出版社

图书在版编目（CIP）数据

画说棚室黄瓜绿色生产技术 / 郎德山编著 . — 北京：中国农业科学技术出版社，2019.1
ISBN 978-7-5116-3723-9

Ⅰ . ①画… Ⅱ . ①郎… Ⅲ . ①黄瓜—温室栽培—图解 Ⅳ . ① S626.5-64

中国版本图书馆 CIP 数据核字（2018）第 111084 号

责任编辑 李冠桥 闫庆健
责任校对 马广洋

出 版 者 中国农业科学技术出版社
北京市中关村南大街 12 号 邮编：100081
电　　话（010）82109705（编辑室）（010）82109702（发行部）
（010）82109709（读者服务部）
传　　真（010）82106625
网　　址 http://www.castp.cn
经 销 者 各地新华书店
印 刷 者 北京富泰印刷有限责任公司
开　　本 880mm × 1 230mm 1 /32
印　　张 8.375
字　　数 179 千字
版　　次 2019 年 1 月第 1 版 2019 年 1 月第 1 次印刷
定　　价 50.00 元

版权所有 · 侵权必究

编委会

《画说「三农」书系》

主　任　张合成

副主任　李金祥　王汉中　贾广东

委　员

贾敬敦　杨雄年　王守聪　范　军

高士军　任天志　贡锡锋　王述民

冯东昕　杨永坤　刘春明　孙日飞

秦玉昌　王加启　戴小枫　袁龙江

周清波　孙　坦　汪飞杰　王东阳

程式华　陈万权　曹永生　殷　宏

陈巧敏　骆建忠　张应禄　李志平

序言

农业、农村和农民问题，是关系国计民生的根本性问题。农业强不强、农村美不美、农民富不富，决定着亿万农民的获得感和幸福感，决定着我国全面小康社会的成色和社会主义现代化的质量。必须立足国情、农情，切实增强责任感、使命感和紧迫感，竭尽全力，以更大的决心、更明确的目标、更有力的举措推动农业全面升级、农村全面进步、农民全面发展，谱写乡村振兴的新篇章。

中国农业科学院是国家综合性农业科研机构，担负着全国农业重大基础与应用基础研究、应用研究和高新技术研究的任务，致力于解决我国农业及农村经济发展中战略性、全局性、关键性、基础性重大科技问题。根据习总书记“三个面向”“两个一流”“一个整体跃升”的指示精神，中国农业科学院面向世界农业科技前沿、面向国家重大需求、面向现代农业建设主战场，组织实施“科技创新工程”，加快建设世界一流学科和一流科研院所，勇攀高峰，率先跨越；牵头组建国家农业科技创新联盟，联合各级农业科研院所、高校、企业和农业生产组织，共同推动我国农业

科技整体跃升，为乡村振兴提供强大的科技支撑。

组织编写《画说“三农”书系》，是中国农业科学院在新时代加快普及现代农业科技知识，帮助农民职业化发展的重要举措。我们在全国范围遴选优秀专家，组织编写农民朋友用得上、喜欢看的系列图书，图文并茂展示先进、实用的农业科技知识，希望能为农民朋友提升技能、发展产业、振兴乡村做出贡献。

中国农业科学院党组书记 张合成

2018 年 10 月 1 日

内容提要

《画说棚室黄瓜绿色生产技术》

本书以图文并茂的形式系统介绍了棚室黄瓜栽培的关键技术。内容包括：黄瓜概述，黄瓜栽培的生物学基础，黄瓜栽培棚室类型与建造，黄瓜品种选购与优良品种介绍，棚室黄瓜栽培管理技术，黄瓜主要病虫害的识别与防治，棚室黄瓜的采后处理、贮藏和运输等。本书对黄瓜栽培管理的方法、常见病虫害的危害症状等配有图片，读者能够快速掌握温室大棚黄瓜栽培的技术关键。

书中的文字描述通俗易懂、易于掌握；栽培管理技术来源于生产实践，实用性强；所用图片拍摄于田间大棚，针对性强，便于蔬菜种植户、家庭农场以及农技推广人员学习掌握，农业院校相关专业师生也可阅读参考。

《画说棚室黄瓜绿色生产技术》受到了潍坊科技学院和“十三五”山东省高等学校重点实验室设施园艺实验室的项目支持，在此表示感谢！

目录

第一章　黄瓜概述

第一节 黄瓜名称由来

黄瓜(学名 *Cucumis sativus* Linn，英文名（Cucumber），也称胡瓜、青瓜，是葫芦科黄瓜属植物。由于黄瓜最初是西汉时期张骞出使西域带回中原的，当时来自于外邦的东西前面大抵是要加个胡字， 称为胡瓜。五胡十六国时后赵皇帝石勒，本是入塞的羯族人，忌讳“胡”字，制定了一条法令：无论说话写文章，一律严禁出现“胡”字，违者问斩不赦，胡瓜更名为黄瓜。

第二节 黄瓜生产的重要性

一、营养价值（表 1–1–1）

黄瓜是我国人民喜食的主要蔬菜之一，可熟食、生食、腌渍、酱制。黄瓜含水量达 98%，它不但脆嫩清香，味道鲜美，而且营养丰富：黄瓜富含蛋白质、钙、磷、铁、钾、胡萝卜素、维生素 B_2、维生素 C、维生素 E 及烟酸等营养素。

表 1–1–1　黄瓜的营养价值很高，每 100 克里就含有以下营养成分

营养素名称	含量	营养素名称	含量	营养素名称	含量
热量	15.00（千卡 / 千克）	钾 (K)	102.00（克）	磷 (P)	24.00（毫克）
烟酸	0.20（毫克）	铜 (Cu)	0.05（毫克）	镁 (Mg)	15.00（毫克）
碳水化合物	2.90（克）	钙 (Ca)	24.00（毫克）	维生素 C	9.00（微克）

营养素名称	含量	营养素名称	含量	营养素名称	含量
钠 (Na)	4.90（毫克）	蛋白质	0.80（克）	膳食纤维	0.50（克）
铁 (Fe)	0.50（毫克）	硒 (As)	0.38（微克）	维生素 B_1	0.02（毫克）
锌 (Zn)	0.18（毫克）	维生素 B_2	0.03（毫克）	脂肪	0.20（克）
锰 (Mn)	0.06（毫克）	胡萝卜素	90.00（微克）	维生素 A	15.00（微克）
维生素 E	0.49（毫克）				

二、药用价值

黄瓜含有维生素 B_1，对改善大脑和神经系统功能有利，能安神定志；黄瓜中含有的葫芦素 C 具有提高人体免疫功能的作用，达到抗肿瘤目的，该物质还可治疗慢性肝炎，对原发性肝癌患者有延长生存期作用。黄瓜中含有丙氨酸、精氨酸和谷胺酰胺对肝脏病人，特别是对酒精性肝硬化患者有一定辅助治疗作用，可防治酒精中毒；黄瓜中还含有丰富的维生素 E，可起到延年益寿，抗衰老的作用；瓜蔓入药制成黄瓜藤汁、黄瓜藤制剂、黄瓜流浸膏等，对降血压、降胆固醇有显著疗效；黄瓜所含的钾盐十分丰富，具有加速血液新陈代谢、排泄体内多余盐分的作用，故肾炎、膀胱炎患者生食黄瓜，对机体康复有良好的效果。黄瓜中所含的丙醇二酸，可抑制糖类物质转变为脂肪；黄瓜中所含的葡萄糖苷、果糖等不参与通常的糖代谢，故糖尿病人以黄瓜代淀粉类食物充饥，血糖非但不会升高，甚至会降低。

三、美容减肥

黄瓜还含有黄瓜酶，能促进机体的新陈代谢，经常食用或用黄瓜片或其汁液擦脸、贴在皮肤上可有效地抗皮肤老化，有减少皱纹的产生、褪斑嫩肤功效，并可防止唇炎、口角炎。新鲜的黄瓜含有丙醇二酸，在一定程度上能抑制糖类转化为脂肪，是很好的减肥蔬菜，常吃新鲜黄瓜，有减肥健美的疗效。

第三节 黄瓜生产现状及存在的问题

一、黄瓜生产现状

我国是大陆性季风气候国家，横跨热带、温带和寒带，地形多样，因此我国黄瓜栽培茬口呈现出地方性和多样性。目前我国黄瓜种植主要有：春露地育苗种植、春露地直播种植、春大棚种植、夏露地种植、秋露地种植、秋大棚种植、秋延后温室种植、越冬日光温室种植、早春温室种植（包括大棚多层覆盖栽培）等多种种植茬口。不同地区栽培茬口、播种时间及适宜品种各不相同。

1. 按照黄瓜种植区域分类

我国由南向北分为 6 个黄瓜种植区。

（1）华南类型种植区。包括广东、广西壮族自治区（以下简称广西）、海南、福建、云南，一年四季均可露地种植黄瓜，冬季也有一些小拱棚及地膜覆盖栽培。

（2）西南类型种植区。包括四川、重庆、贵州。栽培有露地、大棚、温室 3 种形式，特别是日光温室黄瓜栽培面积逐渐扩大。

（3）东北类型种植区。包括黑龙江、吉林、辽宁、内蒙古自治区（以下简称内蒙古）、新疆维吾尔自治区（以下简称新疆），以露地、日光温室栽培为主。

（4）华中类型种植区。包括江西、湖北、浙江、上海、江苏、安徽，主要为露地和大棚黄瓜栽培，温室栽培黄瓜面积有所增加。

（5）华北类型种植区。包括北京市、天津、河北、河南、山东、山西、陕西，江苏北部，是我国主要的温室大棚黄瓜种植区，也是我国黄瓜最大生产区。

（6）西北类型种植区。包括甘肃、宁夏回族自治区（以下简称宁夏）、新疆南疆。近年来，保护地黄瓜种植面积有了很大的增长，但种植技术与华北地区等地还有一定差距。

2. 按照黄瓜种植品种分类

我国黄瓜从品种选择上看，南方由于最低气温在 0℃左右，

且持续时间较短，以露地和简单设施栽培为主，以耐热和弱光，果实较小，刺瘤稀少的华南型黄瓜居多（图 1–1–1）。北方冬春季节气温较低，持续时间长，以耐低温，果实棒状的密刺型为主（图 1–1–2）。利用拱棚、温室等设施栽培规模较大，特别是日光温室栽培，实现了一年四季都可以生产种植，经济效益较好。如津春系列、津杂系列、津优系列、中农系列、京研系列等。

图 1–1–1　少刺型黄瓜

图 1–1–2　密刺型黄瓜

3. 按照黄瓜栽培形式分类

从栽培形式上看，有露地栽培和设施栽培，设施栽培中有小拱棚（图 1–1–3，图 1–1–4）、大拱棚（图 1–1–5）、日光温室（图 1–1–6）、连栋温室（图 1–1–7、图 1–1–8）。

4. 黄瓜栽培基质

从栽培基质看，有土壤栽培（图 1–1–9）和无土基质栽培（图 1–1–10），其中传统的土壤栽培一次性投入较少，栽培面积较大，基质栽培一次性投入较大，使用管理技术高，推广面积较

图 1–1–3　黄瓜小拱棚支架栽培

图 1–1–4　黄瓜小拱棚吊蔓栽培

图 1–1–5　黄瓜大拱棚栽培

图 1–1–6　黄瓜日光温室栽培

图 1–1–7　黄瓜立体栽培

图 1–1–8　黄瓜连栋温室栽培

图 1–1–9　黄瓜常规土壤栽培

图 1-1-10　黄瓜箱式无土栽培

图 1-1-11　黄瓜营养钵育苗

图 1-1-12　黄瓜工厂化育苗

小。随着人们生活水平的不断提高，节水节肥技术的推广，近年来，水肥一体化栽培呈上升趋势。

5. 黄瓜育苗方式

从黄瓜品种和育苗方式来看，过去品种比较单一，发展到现在的保护地专用品种，如早春茬黄瓜品种（津春 3 号、津优 2 号、津绿 3 号、津春 4 号、津优 35、津春 8 号、博耐 35B、德尔 11–3、齐鲁 94–9、丰冠冬春等），秋冬茬品种（津优 3 号、康得、MK160、171、172、绿衣天使、奇山 968、津绿 1 号、津杂 2 号、中农 4 号、津春 2 号、津春 5 号、鲁春 32 号、秋棚 1 号、京旭 2 号、津研 1、2 号、津春 3 号、津春 4 号、长春密刺等），越夏茬品种（德瑞特 741、抗热王、德瑞特 F16、卓越 2 号、新夏亮刺 4 号、新夏亮刺 5 号、欧玉等）等。原来一家一户自己播种育苗（图 1–1–11）的农户逐渐减少，取而代之的是工厂化、集约化育苗（图 1–1–12），呈逐年上升趋势。

二、黄瓜生产存在的问题

（1）不同区域的种植模式、种植经验、管理技术、科技应用等参差不齐，产量和品种差别较大。

（2）部分区域黄瓜生产的规模化、集约化、标准化程度不高。

黄瓜生产多数是一家一户模式生产，连片大面积有组织的集约化、规模化种植很少，生产效率不高。

（3）黄瓜生产过程中，受制于轮作换茬技术的掌握，存在黄瓜种植重茬连作现象，病虫害发生较重，产量下降。

（4）黄瓜生产中，存在过量使用农药、化肥现象，黄瓜品种不佳，黄瓜的竞争优势降低。

（5）受国内外生活习惯、种植技术、种植品种、产品质量等因素的影响，国内黄瓜生产主要是国内消费，国际市场占有率不高。

（6）受生产成本、应用技术等因素影响，黄瓜生产过程中，土壤栽培、大水漫灌现象较为普遍，无土栽培、节水节肥的滴灌应用较少。

（7）黄瓜果实多汁，不耐挤压，长途运输不便，而且货架期短，生产中，以鲜食品种为主，加工贮藏的品种较少。

三、发展趋势

（1）黄瓜栽培总面积增长渐缓，黄瓜生产方式由露地栽培向设施栽培发展，保护地栽培面积增长幅度大。单一黄瓜种植向间作、套种、多茬次、多品种、多层次栽培发展。

（2）调节和改善黄瓜栽培设施，创造良好的生长环境。不适宜的环境条件可能会给黄瓜生产带来毁灭性的灾难。因此根据气候条件，人为创造适于黄瓜生长的环境条件保证生产，如日光温室、大棚、多层覆盖栽培、长200米的超大温室（图1–1–13），跨度20米的超大拱棚（图1–1–14）等，人工控制能力和抵御自然灾害的能力越来越强。不同的设施条件在生产中并存，互为补充，保证黄瓜一年四季有上市。

图1–1–13　大跨度超长温室

（3）抗病育种增加，满足不同茬口栽培需要。露地黄瓜抗病性较强，农药使用量少，但保护地黄瓜抗病能力较差，人们现正加强对保护地黄瓜抗病能力的选择。常规育种向生物育种转变，利用生物技术培育优良黄瓜新品种，缩短育种周期、加快育种更新速度，繁育生产中使用抗病、抗寒、抗热等专用品种。

图 1–1–14　大跨度超长拱棚

（4）黄瓜栽培技术要求越来越高，随着黄瓜生产的产业化，要求高产、抗病、优质，黄瓜的果实形状及口感等也成为重要指标。传统的大水漫灌栽培向检测土壤、向节水节肥（图 1–1–15）、配方施肥（图 1–1–16），栽培模式发展，减少肥料的过度使用，减少对环境的污染。

图 1–1–15　温室黄瓜节水滴灌栽培

图 1–1–16　连栋温室黄瓜配方施肥栽培

（5）由粗放生产向无公害、绿色和有机黄瓜产品发展。在病虫害防治过程中采取物理防治(图 1–1–17，图 1–1–18)、农业防治、生物防治（图 1–1–19，图 1–1–20）等绿色防治、生态防治措施，减少农药残留，进一步提高黄瓜产量和品质。在满足国内需求的情况下，不断提高质量，加大出口量，增加国际市场的占有率。

（6）由一家一户的劳动密集型生产转向规模化、农场化技术密集型生产。采用计算机控制技术，实行滴灌、微灌技术、自动卷帘（图 1–1–21，图 1–1–22，图 1–1–23）、摇臂卷膜机（图

1–1–24）、自动控温、控光等减轻劳动强度，提高生产效率，科技含量、生产管理标准化程度不断提高。

图 1–1–17　棚室黄瓜粘虫板防治栽培

图 1–1–18　棚室黄瓜防虫网防治栽培

图 1–1–19　瓢虫捕食蚜虫

图 1–1–20　草蛉捕食白粉虱

图 1-1-21　温室自动卷帘机——卷草苫

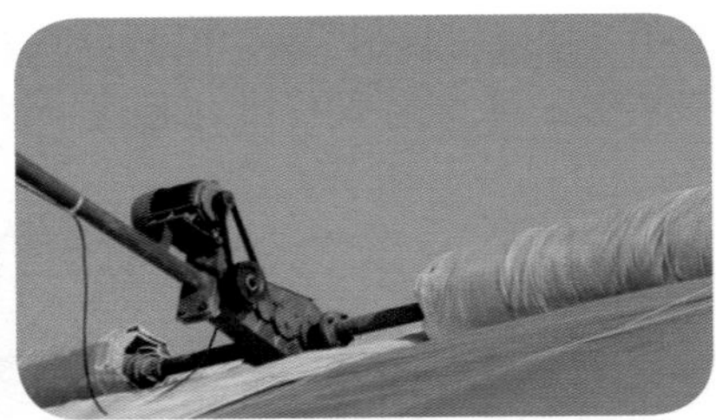

图 1-1-22　温室自动卷帘机——卷保温被

图 1-1-23　拱棚自动卷帘机——卷草苫

图 1-1-24　大棚自动卷膜机

第二章　黄瓜栽培的生物学基础

第一节 黄瓜的植物学特征

一、根

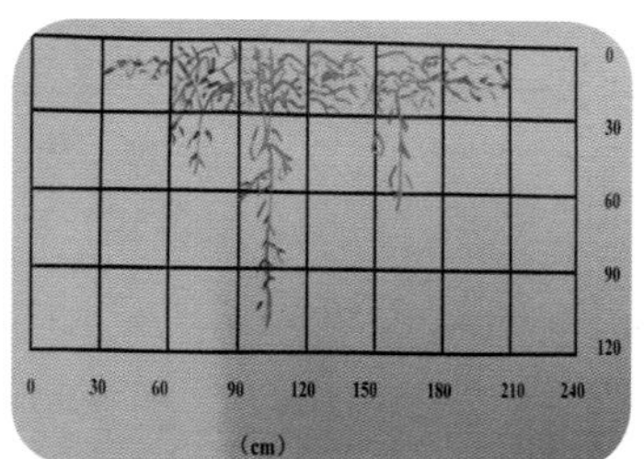

图 2–1–1　黄瓜根系分布

图 2–1–2　黄瓜根系生长情况

根系不发达，入土浅，主根深达 1 米以上，但 80% 左右的侧根分布在 25 厘米的耕作层的土层内，以水平分布为主，因此在生产中称其为“串皮根”（图 2–1–1，图 2–1–2）。根系吸收能力弱，因此生产上要求土壤肥沃疏松、透气性好。根系维管束易木栓化，再生能力差，应注意保护根系，生产中适合直播或育苗移栽时宜早不宜迟。黄瓜根系生长的适宜温度为 18~23℃，表层土壤的温度高适合黄瓜根系生长的需要。黄瓜定植时宜浅栽，定植后多次中耕松土增加土壤透气性，促进根系生长。

二、茎

蔓生、中空、五棱形，有刚毛（图 2–1–3）。茎髓腔大，含水量高，机械组织不发达，易折断。

黄瓜植株茎的横切面由表及里大致为厚角组织、皮层、环管纤维、筛管（分布于厚角组织和环管纤维内外）、维管束和髓腔。维管束又由外韧皮部、木质部和内韧皮部构成，茎表面有刚毛。

黄瓜的茎自6~7叶片开始，茎节伸长，生长迅速，或匍匐生长，或依靠卷须攀缘于其他支持物上，不能直立生长（图2–1–4）。茎为无限生长，只要环境条件适宜，茎不断持续生长。日光温室的栽培黄瓜生长期长达10个月，茎最终长度可达7~8米。由于茎蔓生长快，需要及时搭架支撑或吊蔓整理，防止相互重叠缠绕遮阳，引起病害的发生。

图 2–1–3　黄瓜的茎蔓有刺毛

图 2–1–4　黄瓜的卷须缠绕

黄瓜茎的粗细与栽培条件关系密切。如果肥水充足，温度光照适宜，茎生长粗壮。否则肥水不足，温度光照不当，茎生长纤细或短粗。茎的叶腋间分生侧枝，侧枝数量与品种关系密切。显然黄瓜顶端生长优势明显，生产上采取摘顶措施促进分生侧枝。即使侧枝分生旺盛的品种，任其自然生长时，主茎生长势也始终优于侧枝。主茎顶端优势破坏后，主茎上的侧枝由下而上依次发生。

茎基部近地面处有形成不定根能力，尤其幼苗生不定根能力强。不定根有助于黄瓜吸收肥水，因此栽培上有点水诱根之说。茎的保护组织不发达，易感病害，如蔓枯病等。茎的机械强度脆弱，整枝过程中易损伤。

三、叶

子叶两片，椭圆或长圆形（图2–1–5）。真叶呈掌状五角形，

较大，一般长宽为10~30厘米，大小与品种以及栽培条件有关系（图2–1–6）。叶面及叶柄上有刺，正常的叶片刺毛较硬，生长不良或徒长植株的叶片刺毛较软。黄瓜叶片大而薄（易受伤折断），因此蒸腾量大，再加上根系吸水能力差，因而黄瓜栽培过程中需水量大，土壤要保持较高的湿度。

图2–1–5 黄瓜的子叶

图2–1–6 黄瓜的真叶

叶腋着生侧枝、卷须和花器官。卷须是黄瓜变态器官。自然生长状态下，卷须的作用是攀缘支持物，此外卷须的生长形态能反映植株生长状态。栽培黄瓜时主要依靠人工绑蔓或吊蔓，不依靠卷须攀缘，往往将卷须掐去，以免消耗营养。

图2–1–7 黄瓜的雌花

四、花

雌雄同株异花，异花授粉。单性花，雌花较大，子房下位，多单生（图2–1–7）。多数品种的雌花具有单性结实能力。雄花较小（图2–1–8），一般较雌花提早出现3节左右。

图2–1–8 黄瓜的雄花

花一般为雌雄同株异花，偶尔也出现两性花。按植株上花的性别有7种性型。

（1）完全花株，植株上着生的花全部是完全花，并能自行受精结果。

（2）雌性株，植株上着生的花

全部是雌花。

（3）雄性株，植株上着生的花全部是雄花。

（4）雌雄同株，植株上有雌花和雄花，一般雄花数常多于雌花，这是标准性型。

（5）雌全同株，植株上有雌花，也有完全花，能自行受精结果。

（6）雄全同株，植株上有雄花，也有完全花，能自行受精结果。

（7）雌雄全同株，植株上有雌花、雄花和完全花，能自行受精结果。

黄瓜雄花常腋生多花，雌花腋生单花或多花。花冠钟状，5 裂黄色。雌花子房下位，3 室，侧膜胎座，花柱短，柱头 3 裂。雄蕊 5 枚，3 组并联成筒状。虫媒花，自然杂交率达 53%~76%。

黄瓜花通常凌晨开放，盛花时间为 1~1.5 小时，花的寿命可延迟到当日午后，雄花翌日脱落，在低温的阴雨天气下寿命较长，翌日仍能正常开花。花冠完全展开之际，即花药开药之时。花粉在开花前一日的午后已具备发芽能力，到开药时发芽力达最高。花粉寿命在自然状态下于开药后 4~5 小时即失去其活力，温度高则寿命短。雌花从开花前 2 天到开花次日都具有受精能力，但在开花当天上午最佳。生产中第一雌花着生节位越低、雌花比例越高，早熟、丰产越好。

五、果实

果实为瓠果，棒状，依品种不同有长棒状和短棒状之分。嫩瓜表皮多为绿色，少数品种为白色和黄色。有的品种果面上刺较多（图 2–1–9），有的无刺（图 2–1–10），有的刺较少（图 2–1–11）。黄瓜在坐果后 3~4 天生长缓慢，第 5~6 天开始急剧伸长，日伸长量可达 3 厘米，一般 10 天

图 2–1–9　密刺型果实

图 2–1–10　无刺型果实

后瓜长可达 20 厘米左右。黄瓜开花后 8~15 天达到商品成熟即可采收。目前，保护地栽培的品种，都有单性结实的特性，即雌花不经过授粉、受精而结果，对于提高产量有积极作用。

六、种子

种子扁平，长椭圆形（图 2–1–12）。千粒重 22~ 42 克，种子寿命 4~5 年，使用年限 2~3 年。每个果实可产种子 150~400 粒。生产中尽量使用新种子，提高发芽率和提高产量。作为采收种子用的黄瓜，成熟后及时收获，否则出现种子在黄瓜内部发芽情况（图 2–1–13）。

图 2–1–11　少刺型果实

图 2–1–12　黄瓜的种子

图 2–1–13　黄瓜成熟后种子在内部发芽

第二节　黄瓜的生长发育周期

黄瓜的生育周期大致分为发芽期、幼苗期、伸蔓期和结果期等 4 个时期，露地黄瓜全生育期为 90~120 天，保护地黄瓜生长时间大大延长。由于受气候条件和栽培方式的影响，黄瓜的生育

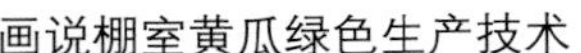

期有所变化，如春、夏黄瓜的生育期较长，秋黄瓜生育期较短。日光温室秋冬春一大茬生长发育期长达 270 天以上。

一、发芽期

从种子萌动开始，到两片子叶充分展开，第 1 片真叶露尖时结束（图 2–2–1，图 2–2–2，图 2–2–3，图 2–2–4）。25~30℃条件下，一般需要 5~6 天。幼苗生长所需的养分主要靠种子供给，由于种胚本身所贮藏的养分有限，故发芽时间越长，幼苗长势越差。因此，为苗床创造适宜的温度和湿度，促进尽快出苗是此期生产管理的

图 2–2–1　发芽出土

图 2–2–2　子叶展开

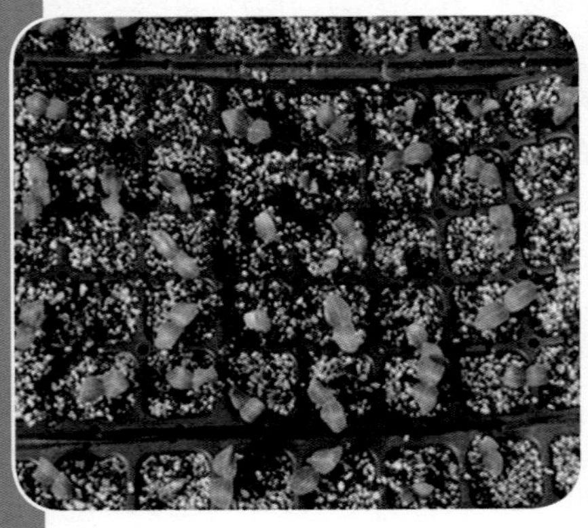

图 2–2–3　穴盘育苗

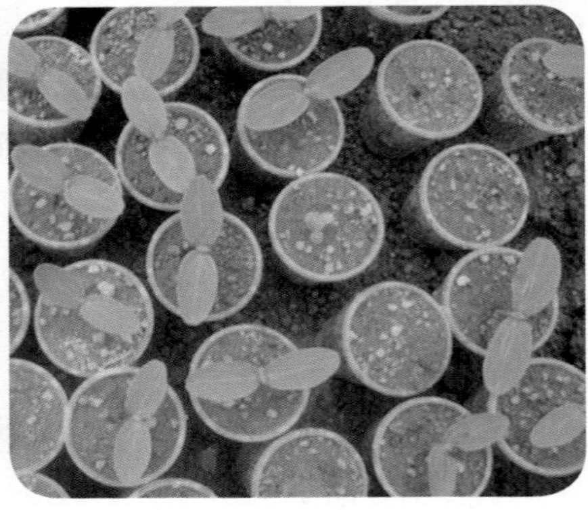

图 2–2–4　营养钵育苗

主要目标。

幼苗出土后，幼苗由依赖种子提供营养的异养阶段转向依赖子叶制造光合物质的自养阶段，这时幼苗的绝对生长量很小，但其相对生长速率很大。幼苗对外界温度、水分及营养供应十分敏感。发芽期内幼苗苗端已进行叶片的分化，幼苗出土时其苗端已分化出 4 片叶原基。

二、幼苗期

从第 1 片真叶露尖（图 2–2–5）、展开（图 2–2–6，图 2–2–7），到第 4 片真叶充分展开（团棵）时结束（图 2–2–8）。正常条件下，一般历时 30 天左右。此期幼苗生长缓慢，但根系生长迅速。幼苗的第 1 片真叶出现时，开始花芽分化，苗期结束时，与黄瓜早期产量关系密切的花芽已基本分化完毕。所以此期内生产管理

图 2–2–5　真叶微露

图 2–2–6　第 1 片真叶展开

图 2–2–7　嫁接后真叶展开

图 2–2–8　第 2~3 片真叶展开

的目标是“促”“控”结合，培育壮苗，采取适当措施促进各器官的分化和发育，同时控制地上部分的生长，要适当降低温度，防止徒长，出现“高脚苗”。

图 2-2-9　黄瓜茎蔓伸长

三、伸蔓期

它又称发棵期、伸蔓期、初花期，从第 4 片真叶展开起，到瓜蔓抽出（图 2-2-9）、基部的第 1 雌花瓜坐住时结束（图 2-2-10）。正常条件下，一般历时 20~25 天。通常将雌花子房膨大，幼瓜长到 10 厘米以上长时，作为坐瓜的判别标准。此期结束时，一般瓜蔓可长到 50~100 厘米长。此期内，生长中心逐渐由以营养生长为主转为营养生长和生殖生长并进阶段，所以栽培管理上伸蔓前期要以茎叶生长为中心，促进叶面积扩大；伸蔓后期要控制茎叶生长，防止徒长，促进坐瓜。

图 2-2-10　黄瓜初花

四、结果期

从第一雌花瓜坐住（图 2-2-11），到拉秧结束。正常条件下，

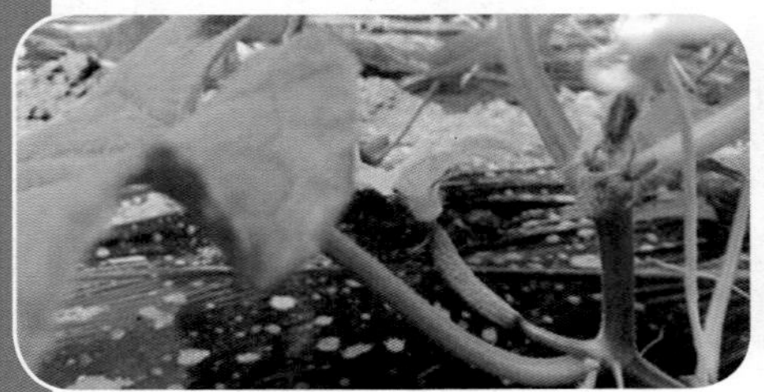

图 2-2-11　黄瓜第 1 雌花坐果

图 2-2-12　黄瓜结果期

露地栽培一般历时 30~100 天，保护地栽培可长达 240~300 天。此期生长的中心是果实，管理上要平衡秧果关系，加大肥水供应，加强病虫害防治，延长结果时间，以实现丰产的目的（图 2–2–12）。

第三节 黄瓜生长对环境条件的要求

一、温度

黄瓜为喜温作物，其生长适温为 15~32℃，白天 22~32℃，夜间 15~18℃。种子发芽的适宜温度为 25~30℃，低于 15℃或高于 35℃，种子的发芽率显著降低；幼苗期和初花期白天 25~30℃，夜间 15~18℃，开花结果期白天 25~30℃，夜间 18~22℃。棚室内多选用温湿度计测量（图 2–3–1，图 2–3–2）。

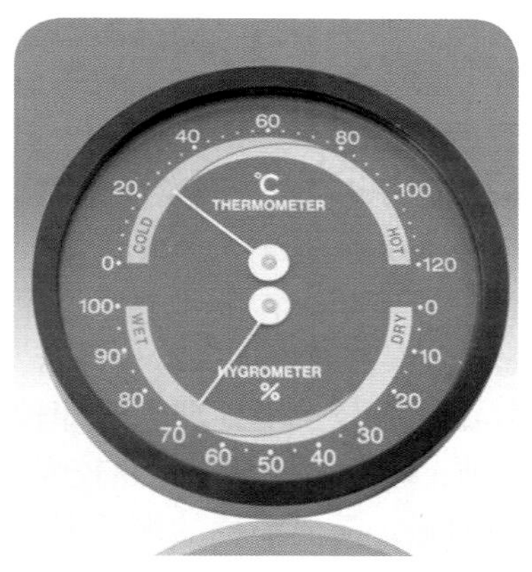

图 2–3–1　大棚指针式温湿度计

黄瓜在 0~2℃条件下植株即受到冻害，5~10℃时有受冷害可能，10~12℃生长缓慢，接近停止。

光合作用最适宜温度为 25~32℃，35℃左右时其同化产量与呼吸消耗处于平衡状态。高于 35℃时其呼吸消耗大于光合产量，植株生长不良，持续时间较长时，植株出现衰败，超过 40℃，引起落花、化瓜等情况。但是湿度较高时，黄瓜可以忍受 45~50℃的高温 0.5~2 小时，生产中利用这一特点，对黄瓜霜霉病发生较重的温室，可以采取“高温闷棚”的办法防治棚室黄瓜霜

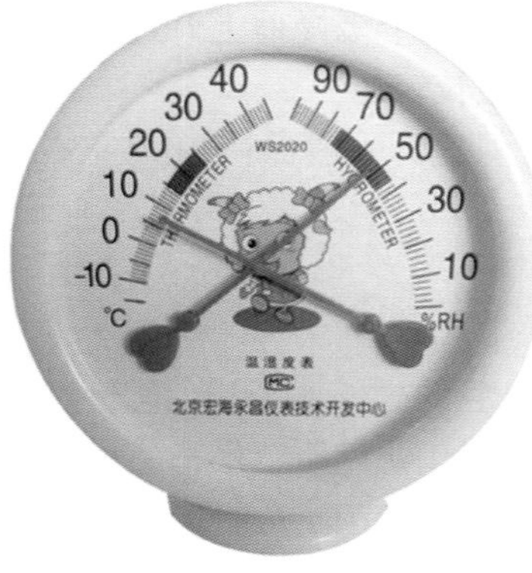

图 2–3–2　大棚指针式温湿度计

霉病。

黄瓜根生长的适宜温度为20~25℃，地温低于20℃或高于25℃根系生理活动能力明显降低，并可导致根系早衰，地温超过32℃，容易加速根系衰老。低于12℃时根系生理活动受阻，如土壤温度低于12℃且持续时间较长，常导致根系生理活动受阻，容易引起根系受害，并导致叶片枯黄，直至植株枯死。

生产中注意，深冬季节，若遇到连续的阴雨天，温室内的热量得不到补充，室内的温度持续下降，根系处在低温高湿的环境条件下，容易出现沤根死棵现象，要适时采取多种措施保温。实践证明，当地温适宜时，即使气温偏低植株也不会出现冷害症状，但气温适宜而地温较低时，常导致植株出现生理障碍。

日光温室黄瓜冬季生产遇连阴天突然转晴时，不要着急迅速拉开草苫，否则会造成植株出现萎蔫现象，需要立即采取“回苫”措施。其原因就在于温室揭苫后，气温回升较快而地温回升却较慢，此时根系生理活动较低，吸水困难，但气温较高、光照较强，植株呼吸作用、蒸腾作用、光合作用加强，需要消耗的水肥多，但是植株的吸收水分不能满足需要，造成植株的生理性缺水。采取的措施是，间隔30分钟拉开草苫1/3，再过30分钟，拉开1/3，最后全部拉开，这样土壤的温度有一个缓慢地上升过程，吸水逐渐加强，不会出现萎蔫或萎蔫现象较轻。

黄瓜生长发育还需要一定的昼夜温差，一般保持10℃左右的温差有利于光合物质的积累。

二、光照

黄瓜喜光照充足，对弱光有一定的适应性。光饱和点为55 000~60 000勒克斯，光补偿点为2 000勒克斯，最适宜的光照强度为40 000~60 000勒克斯。生产中若育苗时光照不足，则幼苗徒长，难以形成壮苗；结瓜期光照不足，则易引起化瓜。强光下其群体的光合效率高，生长旺盛，产量明显提高；在弱光下叶片光合效能低，特别是下层叶片感光微弱，光合能力受到抑制，而呼吸消耗并不减弱。黄瓜一天中的光合作用上午占全体的 60%~70%，下午占 30%~40%，因此，生产中上午要在保证拉开草苫温度不降低的情况下，尽可能早拉开草苫，有卷帘机拉开（图 2–3–3）、人工拉开（图 2–3–4）两种方法。

图 2–3–3　卷帘机拉开草苫见光

图 2–3–4　人工拉开草苫见光

黄瓜在短日照条件下有利于雌花分化，幼苗期 8 小时短日照对雌花分化最为有利。12 小时以上的长日照有促进雄花发生的作用。

三、湿度

图 2–3–5　滴灌降低空气湿度

黄瓜喜湿、怕涝、不耐旱。黄瓜属于浅根性作物，对土壤的深层水分吸收力弱，要求较高的空气相对湿度和土壤湿度。生产中空气相对湿度一般保持在 80%~90%，土壤的湿度为田间最大持水量的 80%~90% 为好。黄瓜不同发育阶段对土壤水分的要求不同，发芽期 85%~90%；幼苗期与初花期应适当控制水分，土壤含水量 60%~70% 为宜，以防止幼苗徒长和沤根；结瓜期因其营养生长与生殖生长同步进行，耗水量大，必须及时供水，浇水宜小水勤浇，一般维持土壤含水量的 80%~90%

为宜。湿度过高尤其是保护地越冬栽培情况下，常常出现黄瓜叶片表面结露，易诱发多种病害，生产中可采用滴灌法（图 2–3–5）、覆盖地膜法降低空气湿度（图 2–3–6），同时注意加强通风排湿。

图 2–3–6　覆盖地膜降低空气湿度

四、气体

主要是指氧气和二氧化碳。黄瓜生长对土壤氧气的含量有一定的要求，一般含氧量在 15% ~20% 为好，低于 2%，生长发育受到影响。生产中若土壤的黏性太强，透气性差，需要增施有机肥、颗粒剂、加强中耕、起垄栽培等措施进行调节，增加土壤的透气性。

二氧化碳浓度的高低直接影响光合作用的强弱，特别是在保护地栽培情况下，透气性差，注意及时补充二氧化碳，满足黄瓜光合作用的需要。生产中可以通过增施有机肥、秸秆埋设在人行道，人工补充等措施进行调节。

深冬季节温室栽培黄瓜，补充二氧化碳需要注意（图 2–3–7），必须选择在晴天进行，阴雨天禁止施用；上午在拉开草苫 30 分钟后进行，因为在拉开草苫前，黄瓜一直处于呼吸排除二氧化碳，浓度较高，拉开后光合作用加强，浓度逐渐降低。中午通风前 30 分钟停止施用，使棚内的二氧化碳有缓冲的时间，否则造成浪费（图 2–3–8）；下午在通风口关闭后即可施用，30 分钟后停止，不宜时间过长。

图 2–3–7　二氧化碳气体施肥

图 2–3–8　通风口打开通风换气

五、土壤营养

黄瓜根系浅，好气性强，需选择富含腐殖质、透气性良好、保肥保水良好的壤土进行栽培最为适宜；若在黏质土壤中栽培黄瓜，前期生育迟缓，幼苗生长缓慢，但经济寿命长，产量较高；若选用沙质土栽培，则黄瓜发棵快，结瓜早，但易老化早衰。黄瓜生长适宜的 pH 值为 5.5~7.6，以 pH 值为 6.5 最为适宜。

黄瓜枝叶繁茂，产量高，比较喜肥。据测定，每生产 1 000 千克的瓜，需要氮 (N)2.8~3.2 千克、磷 (P_2O_5)0.8~1.3 千克，钾 (K_2O)3.6~4.4 千克，钙 (CaO)1.34~2.0 千克，镁 (MgO)0.26~0.6 千克。

第三章　黄瓜栽培棚室类型与建造

第一节 大棚、温室建造场地选择和规划

建造大棚的场地应地势平坦，向阳，场地东、西、南无高大建筑物树木遮阳。不仅仅是这些障碍物的阴影不能遮住温室，而且实践证明，温室周围5米以内的土壤最好也不被遮阳，以防止土温过低加速温室内土壤向外的热传导。在山区，建棚处应避开风口，坡地处建棚应在南坡。建棚处土壤要肥沃，排水良好，地下水位低。

棚室的土壤要疏松肥沃，地下水位低。建造日光温室（冬暖式大棚）必须选择地势高且富含有机质的壤土或沙壤土。在温室的建造过程中，要避开河套、山川等山口风道，这些地方在冬春季节也往往是风道口，易发生风灾。靠近道路的地段，经常尘土飞扬，烟囱排放出大量的烟尘，污染空气，同时也会给温室薄膜造成严重的尘土污染，所以在建造日光温室（冬暖式大棚）时，必须远离尘土污染严重的地带。温室建设场地最好靠近水源和电源。

在温室建造过程中，要充分利用地形，靠近交通要道和村庄，以利于生产管理和销售。温室最好建于村南，利于村庄阻挡北风。有些菜农将温室建于向阳的坡地上，挖除一部分土后，利用坡地作后墙，同时也利用坡地挡风，但要注意在温室后1米处，挖一条超过当地冻土层厚度，宽25~30厘米的防寒沟，在沟内填实稻草或乱草，其上覆盖薄膜，膜上压土，以此隔断后墙传热。

拱形大棚的方位确定：南北向大棚透光量比东西向大棚多5%~7%，光照分布均匀，棚内白天温度变化平缓。大棚多采用南北走向。南偏西角度在15°以内。当建设有后墙的大棚时，应采用东西走向。

第二节 温室大棚主要结构和建造

冬暖式大棚多以不加温设施为主，现在一般把不加温的冬暖式大棚称为日光温室。自 1986 年王乐义采用冬暖式大棚以来，其结构不断创新，不断发展。目前大面积推广的寿光冬暖式大棚，按其跨度、高度、结构和建材等方面的差异，前后已经经历了 5 代 6 种型号。

一、小跨度立柱式温室

该大棚适当增加了南北向跨度，提高了棚脊高度，加大了墙体的厚度，加粗了水泥立柱，增强了水泥立柱的强度，有利于安装自动化卷帘机，具有很高的推广价值。

（1）主要结构。棚内地面比棚外地面低 50 厘米，即棚内地面下挖 50 厘米。大棚总宽 11 米，后墙高 2 米，山墙顶高 3.5 米，墙下体厚 2 米，墙上体厚 1 米，走道宽 0.8 米，种植区宽 8.2 米。

（2）建造。立柱南北有 6 排，最后 1 排立柱高 3.8 米，挖穴深 50 厘米，最下面铺设石头或水泥打好基座，防止下陷。将立柱埋牢，地上高 3.3 米，南北距离第 2 排立柱 2 米。第 2 排立柱高 3.6 米，地上高 3.1 米，南北距离第 3 排立柱 2 米。第 3 排立柱高 3.1 米，地上高 2.6 米，距离第 4 排立柱距离 2 米。第 4 排立柱高 2.2 米，地上高 1.8 米，距离第 5 排立柱距离 2 米。第 5 排立柱高 1.2 米，地上高 0.8 米，距离 6 排立柱 0.2 米。

最南侧为第 6 排立柱 (戗柱)，高 1.2 米，地上长 0.82 米。采光屋面参考角平均角度 24.2° 左右，后屋面仰角 56.6° 左右。距前窗檐 6 米、4 米、2 米处和前檐处的切线角度分别是 11.3°、14.7°、21.8° 和 26.6° 左右。剖面结构如图 3–2–1 所示。

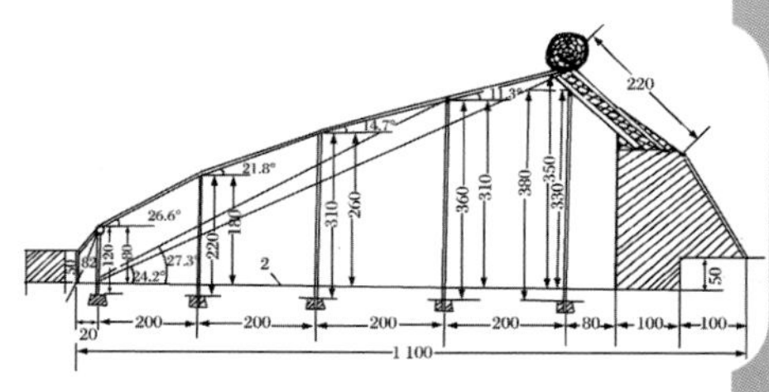

图 3–2–1 小跨度寿光立柱式大棚剖面结构 (单位：厘米)

先埋设立柱（图 3–2–2）、再安装拱杆（图 3–2–3）。

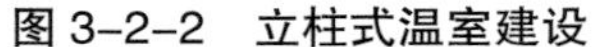

图 3–2–2　立柱式温室建设

图 3–2–3　立柱式温室安装拱杆

二、无立柱型大棚主要结构和建造

这种大棚的棚体为无立柱钢筋骨架结构，其设计是为了配套安装自动化卷帘机，逐步向现代化、工厂化方向发展，寿光Ⅳ型温室是典型代表。

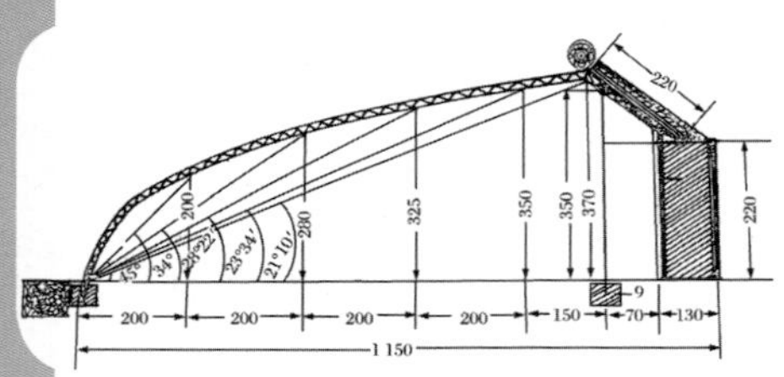

图 3–2–4　寿光Ⅳ型大棚剖面结构（单位：厘米）

（1）主要结构。大棚总宽 11.5 米，内部南北跨度 10.2 米，后墙高 2.2 米，山墙高 3.7 米，墙厚 1.3 米，走道宽 0.7 米，种植区宽 8.5 米。仅有后立柱，高 4 米。种植区内无立柱。采光屋面参考角平均角度 26.3° 左右，后屋面仰角 45° 左右。距前窗檐 8 米、6 米、4 米处和 2 米处的切线角度分别是 23.34° 、28.22°、34° 和 45° 左右。剖面结构如图 3–2–4 所示。

图 3–2–5　无立柱式温室砌墙体

（2）建造。大棚内南北向跨度 11.5 米，东西长度 60 米。大棚最高点 3.7 米。先完成墙体建设（图 3–2–5），墙厚 1.3 米，两面用 12 厘米砖砌成，墙内的空心用土填实，后墙高 2.2 米。

前面为镀锌钢管钢筋骨架，上弦为15号镀锌管，下弦为14号钢筋，拉花为10号钢筋。大棚由16道花架梁分成17间，花架梁相距3米。花架梁上端搭接在后墙锁口梁焊接的预埋的角铁上，前端搭接在设置的预埋件上。两花架梁之间均匀布设3道无下弦15号镀锌弯成的拱杆上，间距0.75米，搭接形成和花架梁一致。花架梁、拱杆东西向用15号钢管拉接（图3–2–6）前棚面均匀拉接4道，后棚面均匀拉接2道，前后棚面构成一个整体。在各拱架构成的后棚面上铺设10厘米厚的水泥预制板，预制板上铺40厘米厚的炉渣作保温层。

图3–2–6　无立柱式温室拱杆

三、厚墙体无立柱型大棚主要结构和建造

这种大棚的棚体亦为无立柱钢筋骨架结构，是寿光V型大棚的典型代表。

（1）主要结构。大棚总宽15.5米，内部南北跨度11米，后墙外墙高3.1米，后墙内墙高4.3米，山墙外墙顶高3.8米，墙下体厚4.5米，墙上体厚1.5米，走道和水渠设在棚内最北端，走道宽0.55米，水渠宽0.25米，种植区宽10.2米。仅有后立柱，高5米。采光屋面参考角平均角度26.3°左右，后屋面仰角45°左右。距前窗檐11米处的切线角度为19.1°，距前窗檐垂直地面点11米处的切线角度为24.4°。剖面结构如图3–2–7所示。

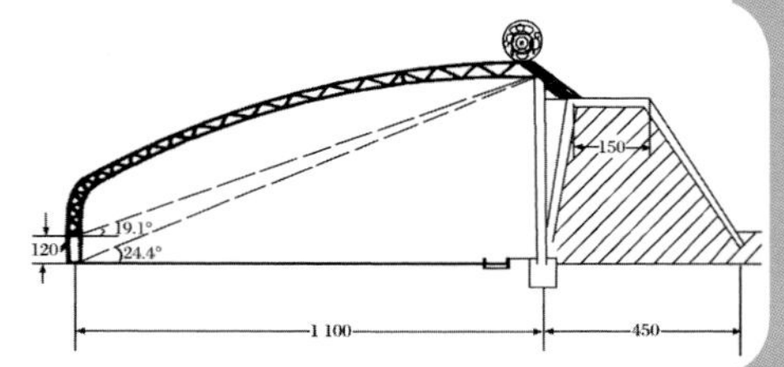

图3–2–7　寿光V型大棚剖面结构（单位：厘米）

（2）建造。确定后墙、左侧墙、右侧墙的地基以及尺寸。大棚内南北向跨度15.5米，东西长度不定，但以100米为宜。清理地基，然后利用链轨车将墙体的地基压实，修建后墙体、左侧墙、

右侧墙，后墙体的上顶宽 1.5 米。修建后墙体的过程中，预先在后墙体上高 1.8 米处倾斜放置 4 块 3 米长的楼板，该楼板底部开挖高 1.8 米、宽 1 米的进出口，后墙体外高 3.1 米，内墙高 4.3 米，墙底宽 4.5 米。后墙、左侧墙、右侧墙的截面为梯形，后墙、左侧墙、右侧墙的上下垂直上口为 0.9 米。

将后墙的上顶部夯实整平，预制厚度为 20 厘米的混凝土层，并在混凝土层中预埋扁铁，将后墙体的外墙面铲平、铲直，铲好后在后墙体的外墙面铺一层 0.06 毫米的薄膜，然后在薄膜的外侧水泥砌 12 厘米砖墙，每隔 3 米加一个 24 厘米垛，垛需要下挖，1 ∶ 3 水泥砂浆抹光。

在后墙的内侧修建均匀分布的混凝土柱墩的预埋扁铁上焊接 8 厘米的钢管立柱，立柱地上面高 5 米。在后墙体的内墙面及左侧墙、右侧墙的内、外墙面砌 24 厘米砖墙，灰沙比例 1 ∶ 3，水泥砂浆抹光。沿后墙体的内侧修建人行道，人行道宽 55 厘米，先将素土夯实，再加 3 厘米厚的砼 (混凝土) 层，在砼层的上面铺 30 厘米 ×30 厘米的花砖，在人行道的内侧修建水渠，水渠宽 25 厘米、深 20 厘米，水泥砂浆抹光。

在大棚前檐修建宽 24 厘米、高 80 厘米的砖墙，1 ∶ 2 水泥砂浆抹光，在砖墙的顶部预制 20 厘米厚的混凝土层，在混凝土层内预埋扁铁，每隔 1.5 米埋 1 块。

用钢管焊接成包括两层钢管的拱形钢架，上、下层钢管的中间焊接钢筋作为支撑，上层为直径 4 厘米的钢管，下层为直径 3.3 厘米的钢管，钢筋为 12 号钢筋。将拱形钢架的一端焊接在立柱的顶部，另一端焊接在前檐砖墙混凝土层的扁铁上，拱形钢架与拱形钢架之间用 4 根 3.3 厘米钢管固定连接，再用 26 号钢丝拉紧支撑，每 30 厘米拉一根，与拱形钢架平行固定竹竿(图 3–2–8)。

图 3–2–8　温室建设中

在立柱的顶部和后墙体顶部

的预埋扁铁之间焊接倾斜的角铁，然后在后墙体顶部的预埋扁铁与立柱之间焊接水平的角铁，倾斜的角铁、水平的角铁、立柱形成三角形支架，再在倾斜的角铁外侧覆盖 10 厘米的保温板，在保温板的外侧设置钢丝网，然后预制 5 厘米的混凝土层。

四、寿光Ⅵ型半地下式大棚主要结构和建造

（1）主要结构。大棚下挖 1.2 米，总宽 16 米，后墙高 3.3 米，山墙顶 4 米，墙下体厚 4 米，墙上体厚 1.5 米，内部南北跨度 12 米，走道设在棚内最南端(与其他棚型相反)，走道宽 0.55 米，水渠宽 0.25 米，种植区宽 11.2 米。立柱 6 排，1 排立柱(后墙立柱)高 5.7 米，地上高 5.2 米，至 2 排立柱距离 2.4 米。2 排立柱高 5.2 米，地上高 4.7 米，至 3 排立柱距离 2.4 米。3 排立柱高 4.6 米，地上高 4.1 米，至 4 排立柱距离 2.4 米。4 排立柱高 3.9 米，地上高 3.4 米，至 5 排立柱距离 2.4 米。5 排立柱高 2.9 米，地上高 2.4 米，至 6 排立柱距离 2.4 米。6 排立柱(戗柱)长 1.7 米，地上与棚外地面持平，高 1.2 米。采光屋面参考角平均角度 26.5° 左右，后屋面仰角 45°。距前窗檐 0 米、2.4 米、4.8 米处、7.2 米和 9.6 米处的切线角度分别是 26.6°、22.6°、16.3°、14.0° 和 11.8° 左右。剖面结构如图 3-2-9 所示。

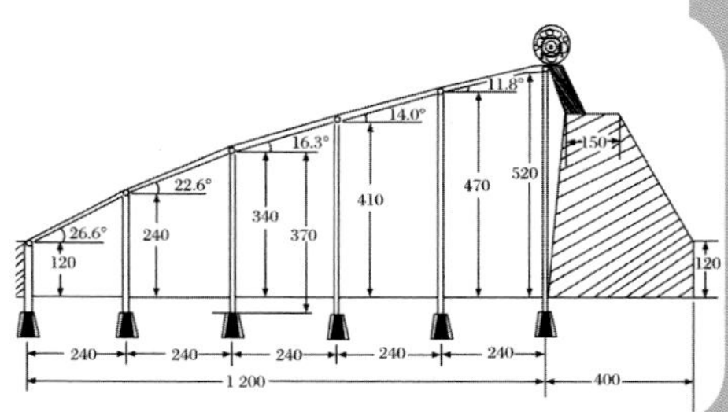

图 3-2-9　寿光Ⅵ型半地下大棚剖面结构(单位：厘米)

（2）建造。取 20 厘米以下生土建造大棚墙体(图 3-2-10)。墙下部厚 4 米，顶部厚 1.5 米，后墙高 3.3 米，山尖高 4 米，大棚外径宽 16 米。墙体下宽上窄，主体牢固，故抗风雪能力强。后坡坡度约 45°，加大了采光和保温能力。在后墙处，先将 5.7 米

图 3-2-10　半地下式温室建设

高的水泥立柱按 1.8 米的间隔埋深 0.5 米，上部向北稍倾斜 5 厘米，以最佳角度适应后坡的压力。离第 1 排立柱向南 2.4 米处挖深 0.5 米的坑，东西方向按 3.6 米的间隔埋好高 5.2 米的第 2 排立柱。再向南的第 3、第 4、第 5 排立柱，南北方向间隔均为 2.4 米，东西方向间隔均为 3.6 米，埋深均为 0.5 米。第 3 排立柱高 4.6 米，第 4 排立柱高 3.9 米，第 5 排立柱高 2.9 米。第 6 排为戗柱，高 1.7 米，距第 5 排立柱 2.4 米。立柱埋好后，在第 1 排每 1 条立柱上分别搭上 1 条直径不低于 10 厘米粗的木棒，木棒的另一端搭在墙上，在离木棒顶部 25 厘米处割深 1 厘米的斜茬，用铁丝固定在立柱上。下端应全部与后墙接触，斜度为45°,斜棒长 1.5~2 米(图 3–2–11)。斜棒固定后，在两山墙外 2~3 米，挖宽 0.7 米、深 1.2 米、长 10 米的坠石沟，将用 8 号铁丝捆绑好的不低于 15 千克的石头块或水泥预制块依次排于沟底，共用 90 块坠石。拉后坡铁丝时，先将一端固定在附石铁丝上，然后用紧线机紧好并固定牢靠。后坡铁丝拉好后，将大竹竿 (拱形架) 固定好，再拉前坡铁丝。竹竿上面均匀布设 28 道铁丝，竹竿下面布设 5 道铁丝。铁丝拉好后，处理后坡。先铺上一层 3 米宽的农膜，然后将捆好的直径为 20 厘米的玉米秸排上一层，玉米秸上面覆土 30 厘米。后斜坡也可覆盖 10 厘米的保温板。后坡上面再拉一道铁丝用于拴草苫。前坡铁丝拉好后固定在大竹竿上，然后每间棚绑上 5 道小竹竿，将粘好的无滴膜覆盖在棚面上，并将其四边扯平拉紧，用压膜线或铁丝压住棚膜。

图 3–2–11　埋设立柱

（3）半地下大跨度大棚的优点。

① 增加了大棚内的地温。在冬季，随着土壤深度的增加，地温逐渐增高。因此，半地下式大棚栽培比普通平地大棚栽培地温要高，实践证明，50~120 厘米深度的半地下式大棚，比平地栽培的地下 10 厘米地温要高 2~4℃。

② 增加了大棚空间，有利于高秧作物的生长，有利于立体栽培。

③ 增加了大棚的保温性，大棚内地面低于大棚外地面50~120 厘米，棚体周围相对厚度增加，因而保温性好。加之大棚的空间大了，有利于储存白天的热量，夜晚降温慢，增加了大棚的保温性。

④ 有利于二氧化碳的储存。大棚的空间增大，相对空气中的二氧化碳就多，有利于作物生长，达到增产的目的。

⑤ 不破坏大棚外的土地。大棚墙体在建造过程中，需要大量的土，过去是在大棚后挖沟取土，一是不利于大棚保温，二是浪费了土地。从大棚内取土要注意，先将大棚内表层的熟土放在大棚前，将 25 厘米以下的生土用在墙体上，要避免用生土种菜。这种半地下大跨度大棚土地利用率高、透光好、温湿度调节简单，代表着未来大棚的发展方向，是将来土地有偿转让兼并、实行集约化标准化生产、彻底解决散户经营、提高产品质量的有效途径。目前这种半地下大跨度大棚已得到寿光农民的广泛认可。

第三节　拱棚主要结构及建造

一、竹木结构拱圆形大棚主要结构和建造

（1）主要结构。竹木结构的大棚是由立柱、拱杆、拉杆、压杆（3 杆 1 柱）组成大棚的骨架，架上覆盖塑料薄膜（图 3–3–1）。

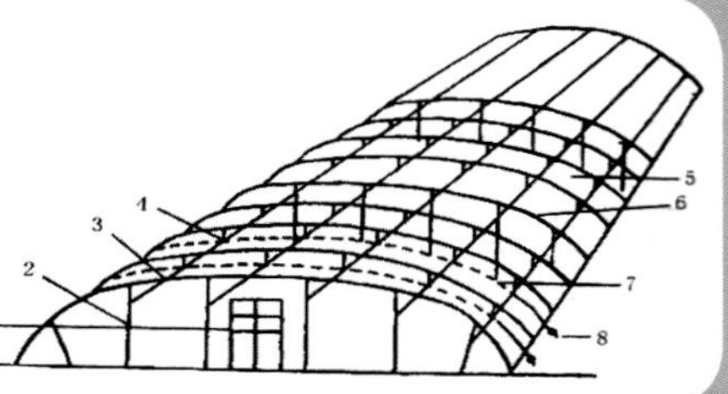

1. 门 2. 立柱 3. 拉杆 4. 吊柱 5. 棚膜 6. 拱杆 7. 压杆 8. 地锚

图 3–3–1　竹木结构大棚示意图

立柱是大棚的主要支柱，承受棚架、棚膜的重量，并有雨雪的负荷和受风压与引力的作用，因此要垂直。竹木立柱直径在 5~8 厘米；混凝土立柱根据水泥标号及工艺，（8 厘米 ×8 厘米）~（10 厘米 ×10 厘米）均可。

立柱的基础可用横木，也可以用砖块、混凝土墩代替柱脚石，防止大棚下沉。立柱深度一般 30~40 厘米。拱杆两端埋入地下，深 30~50 厘米，防止大风将拱杆拔起，大棚拱杆间隔 1~1.2 米，毛竹长 6~10 米，直径（粗头）5~6 厘米。拉杆距立柱顶端 30~40 厘米，紧密固定在立柱上，每排立柱都设拉杆。压杆是在扣上棚膜后于两个拱杆之间压上 1 根细竹竿。

（2）建造。

① 埋立柱：埋柱前先把柱上端锯成三角形豁口，以便固定拱杆，豁口的深度以能卡住拱杆为宜。在豁口下方 5 厘米处钻眼，以备穿铁丝绑柱拱杆。立柱下端成十字形钉两个横木以克服风的拔力，并连同入土部分涂上沥青以防腐烂。立柱应在土地封冻前埋好。 施工时，先按规格量好尺寸，钉好标桩，然后挖 35~40 厘米深的坑。要先立中柱，再立腰柱和边柱。腰柱和边柱要依次降低 20 厘米，以保持增强大棚的支撑力（图 3–3–2）。

图 3–3–2　拱棚内立柱

② 上拱杆：埋好立柱后，沿大棚两侧边线，对准立柱的顶端，把竹竿的大头插入土中 30 厘米左右，然后从大棚边向内挨个放在立柱上端的豁口内，用铁丝穿过豁口下的孔捆绑好，最后把 2~3 根竹竿对接成圆拱形，在用铁丝绑接的地方，都要用草绳缠好，以免扎破薄膜。

③ 绑定纵拉杆：用纵拉杆沿棚长方向把立柱和拱杆连接起来，使棚架成一整体。

④ 扣膜：选晴暖风小的天气 1 次扣完。按棚的长度，把黏好的薄膜卷好，从棚的迎风侧向

图 3–3–3　竹木结构大棚外观

顺风侧覆盖，要把薄膜拉紧、拉正，不出皱褶。四边的余幅放在沟里，用土埋上，踏实（图 3–3–3）。

⑤ 上压杆：用竹竿做压杆的，要用铁丝把竹竿连接起来，压在两行拱架中间的薄膜上面，再用铁丝穿过薄膜把它绑在纵拉杆上。用 8 号铁丝作压杆的，要用草绳把铁丝缠好压在面薄膜上，两头固定在地锚上。地锚用石块、木杆和砖做成，上面绑 1 根 8 号铁丝，埋在距离大棚两侧半米处，埋深40厘米，以增强抗风能力。

⑥ 安门：便于出入大棚，在大棚两头各设 1 个门，一般高 1.9~2 米，宽 0.9 米，用方木作框，钉上薄膜即可。

二、钢架结构拱圆形大棚主要结构和建造

（1）主要结构。

长度：全钢架塑料大棚的建造长度可依地块而定，以 50~80 米为宜（图 3–3–4）。

图 3–3–4　钢架结构大棚骨架

跨度：跨度以 8.5~15 米为佳，单拱结构即可满足设计需要，各地可根据地形及经济能力适当调整（表 3–3–1）。跨度过小，则相对投入成本过高，钢材材料浪费较大；如跨度过大，需另加立柱，或做桁架结构，则直接投入增大（图 3–3–5）。

表 3–3–1　不同跨度结构参数　（米）

跨度	脊高	长度	肩高	基础埋深	骨架间距
7.0	2.7	50~60	1.0	0.4	0.8~1.0
8.0	2.9	50~60	1.2	0.5	1.0
8.5	3.1	50~60	1.2	0.5	1.0
9.0	3.3	50~60	1.3	0.5	1.0
12	3.8	60~80	1.6	0.6	1.0
15	4.0	60~80	1.8	0.6	1.0
20	4.3	80~100	1.8	0.6	1.0

图 3-3-5 钢架结构大棚覆盖薄膜

肩高与脊高。肩高：全钢架结构塑料大棚肩高一般设计在 1.0~1.3 米。用于果树等较高作物种植的大棚，肩高可以提高至 1.6~1.8 米，同时需在拱杆腿部和拱面处加装斜撑杆，以提高大棚的承载能力。全钢架结构塑料大棚脊高一般在 2.7~3.3 米。跨度 8.5 米的塑料大棚脊、肩垂直高差以 1.9 米为宜。这种结构一是形成的拱面对太阳光反射角小、透光率高；二是能充分使用钢管的力学性能，最大化的利用拱杆的抗拉、承压性能；三是解决了棚面过平导致滴水 “打伤作物” 的问题。

拱杆间距：指相邻两道拱杆之间的水平距离，一般为 0.8~1.0 米，避风或风力不超过 6 级的地区，拱间距应不大于 1.0 米。在风力较大的地区拱杆间距应不大于 0.8 米。

拱架及拉杆、斜撑杆：拱架选用热镀锌全钢单拱结构，拱架、横拉杆、斜撑杆均选用 DN20 钢管（外径 26.0 毫米，壁厚 2.8 毫米）。

基础：基础材料选用 C20 混凝土。

棚膜：棚膜首选乙烯—— 醋酸乙烯 （EVA） 薄膜，也可选用聚乙烯 （PE） 或聚氯乙烯 （PVC）膜，厚度 0.08 毫米以上，透光率 90%以上，使用寿命 1 年以上。

固膜卡槽：选用热镀锌固膜卡槽（有条件也可采用铝合金固膜卡槽），镀锌量≥ 80 克 / 米 宽度 28.0~30.0 毫米，钢材厚度 0.7 毫米、长度 4.0~6.0 米。

卷膜系统：在大棚两侧底部安装手动或电动卷膜系统。

防虫网：选择幅宽 1.0 米的 40 目尼龙防虫网，安装于两侧底通风口。

压膜线：采用高强度压膜线（内部添加高弹尼龙丝、聚

丙丝线或钢丝),抗拉性好,抗老化能力强,对棚膜的压力均匀。

（2）建造。

① 基础施工：确定好建棚地点后，用水平仪测量地块高程，将最高点一角定位为 ±0.000，平整场地，确定大棚四周轴线。沿大棚四周以轴线为中心平整出宽 50 厘米、深 10 厘米基槽。夯实找平，按拱杆间距垂直取洞，洞深 45 厘米，拱架调整到位后插入拱杆。拱架全部安装完毕并调整均匀、水平后，每个拱架下端做 0.2 米 ×0.2 米 ×0.2 米独立混凝土基础，也可做成 0.2 米宽、0.2 米高的条形基础；混凝土基础上每隔 2.0 米预埋压膜线挂钩。

② 拱架施工：拱架采用工厂加工或现场加工，塑料大棚生产厂商生产设备专业，生产出的大棚拱架弧形及尺寸一致。若现场加工，需在地面放样，根据放样的弧形加工。拱杆连接，在材料堆放地就近找出 20 米 ×10 米水平场地一块，水平对称放置 2 个拱杆，中间插入拱杆连接件，用螺丝连接。拱杆安装，将连接好的拱杆沿根部画 40 厘米标记线，2 人同时均匀用力，自然取拱度，插入基础洞中，40 厘米标记线与洞口平齐，拱杆间距 0.8~1.0 米。春秋季节大风天气较多的地区，拱杆间距取下限，风力较小地区拱杆间距取上限。

③ 拉杆安装：全部拱杆安装到位后，用端头卡及弹簧卡连接顶部的一道横拉杆。一个大棚 1 道顶梁 2 道侧梁，风口等特殊位置需要加装 2 道，共安装 5 道拉杆。拉杆单根长 5 米，40 米长的大棚，3 道梁需要拉杆 24 根。连接拉杆时先将缩头插入大头，然后用螺杆插入孔眼并铆紧，以防止拉杆脱离或旋转。上梁时，先安装顶梁，并进行第 1 次调整，使顶部和腰部达到平直；再安装侧梁，并进行第 2 次、第 3 次调整，使腰部和顶部更加平直。如果整体平整度有变形，局部变形较大应重新拆装，直到达到安装要求。安装拉杆时，用压顶弹簧卡住拉杆压着拱架，使拉杆与拱架成垂直连接，相互牵牢。梁的始末两端用塑料管头护套，防止拉杆连接脱落和端头戳破棚膜。拉杆安装要求每道梁平顺笔直，两侧梁间距一致，拱架上下间距一致，拉杆与拱架的几个连接点形成的一个平面应与地面垂直。

④ 斜撑杆安装：拱架调整好后，在大棚两端将两侧 3 个拱架分别用斜撑杆连接起来，防止拱架受力后向一侧倾倒。拉杆安装完后，在棚头两侧用斜撑杆将 5 个拱架用 U 型卡连接起来，防止拱架受力后向一侧倾倒。斜撑杆斜着紧靠在拱架里面，呈“八”字形。每个大棚至少安装 4 根斜撑杆，棚长超过 50 米，每增加长度 10 米需要加装 4 根。斜撑杆上端在侧梁位置用夹褓与门拱连接，下端在第 5 根拱管入土位置，用 U 型卡锁紧，中部用 U 型卡锁在第 2 、第 3 、第 4 根拱架上。

⑤ 棚门安装：大棚两端安装棚门作为出入通道和用于通风，规格为 1.8 米 ×1.8 米。棚门安装在棚头，作为出入通道和用于通风，南头安装 2 扇门，竖 4 根棚头立柱，2 根为门柱，2 根为边柱，起加固作用；北头安装 1 扇门，竖 6 根棚头立柱，中间 2 根为门柱，两侧各竖 2 根边柱。立柱垂直插入泥土，上端抵达门拱，用夹褓固定。大棚门高 170~180 厘米，门框宽 80~100 厘米，门上安装有卡槽。棚门用门座安装在门柱上，高度不低于棚内畦面。门锁安装铁柄在门外，铁片朝内。

⑥ 覆盖棚膜：上膜前要细心检查拱架和卡槽的平整度。薄膜幅宽不足时需黏合，可用黏膜机或电熨斗进行黏合，一般 PVC 膜黏合温度 130℃，EVA 及 PE 膜黏合温度 110℃，接缝宽 4 厘米。黏合前须分清膜的正反面，黏接要均匀，接缝要牢固而平展。需提前裁剪好裙膜，宽度 60 厘米。上膜要在无风的晴天中午进行，应分清棚膜正反面。将大块薄膜铺展在大棚上，将膜拉展绷紧，依次固定于纵向卡槽内，在底通风口上沿卡槽固定。两端棚膜卡在两端面的卡槽内，下端埋于土中。棚膜宽度与拱架弧长相同，棚膜长度应大于棚长 7 米，以覆盖两端。

⑦ 通风口安装：通风口设在拱架两侧底角处，宽度 0.8 米，底通风口采用上膜压下膜扒缝通风方式。选用卷膜器通风口时，卷膜器安装在大块膜的下端，用卡箍将棚膜下端固定于卷轴上，每隔 0.8 米卡 1 个卡箍，向上摇动卷膜器摇把，可直接卷放通风口。大棚两侧底通风口下卡槽内应安装 40 厘米宽的挡风膜。

⑧ 覆盖防虫网：在大棚两侧底角放风口及棚门位置安装。底

通风口防虫网安装时，截取与大棚室等长的防虫网，宽度 1.0 米，防虫网上下两面固定于卡槽内，两端固定在大棚两端卡槽上。

⑨ 绑压膜线：棚膜及通风口安装好后，用压膜线压紧棚膜。压膜线间距 2.0~3.0 米，固定在混凝土基础上预埋的挂钩上。

⑩ 多层覆盖：根据种植需要可进行多层覆盖 。在距外层拱架 25~30 厘米处加设内层拱架，内层拱架间距 3.0 米，内外两层拱架在顶部连接（图 3–3–6）。还可在大棚内用竹竿或竹片加设 1.2~1.5 米高的小拱棚（图 3–3–7）。

图 3–3–6　大拱棚套小拱棚

图 3–3–7　中棚套微棚

第四章　黄瓜品种选购与优良品种介绍

第一节　黄瓜品种选购

掌握黄瓜品种的分类方法是选购黄瓜种子的前提，目前黄瓜的品种分类方法有生态学分类法和成熟期分类法。

一、按照生态学性状分

1. 华南型黄瓜

植株茂盛，较耐热及弱光，要求短日照，果实较小，刺瘤稀少，为黑刺。如昆明早黄瓜、广州二青黄瓜、杭州青皮黄瓜、日本长青黄瓜等。

2. 华北型黄瓜

植株长势中等，对日照长短不敏感，喜土壤湿润，较耐低温，果实棒状，刺瘤稀少，为白刺，品质较好。如长春密刺，新泰密刺、宁阳密刺、唐山秋瓜、河南刺瓜等。

3. 南亚型黄瓜

植株茎叶粗大，分枝强，喜湿热，要求较短日照。单果大，果实圆筒形，刺瘤稀少，黑刺或白刺。如锡金黄瓜、昭通黄瓜等。

4. 欧美型黄瓜

植株繁茂，果实圆筒形，刺瘤稀少，白刺。

5. 北欧型黄瓜

植株叶片较大，生长茂盛，果实长而粗，无刺瘤，适应低温弱光，单性结实，适合保护地栽培。

我国目前栽培的黄瓜按生态分布通常分为华南型和华北型两个类型。

二、按照成熟期分

按雌花的出现节位高低以及结瓜能力不同，又将黄瓜分为早熟品种、中熟品种和晚熟品种。该分类法与生产关系较为密切，应用较为普遍。

1. 早熟品种

第 1 雌花一般出现在主蔓的第 3~4 节处，雌花密度大，几乎节节有雌花。一般播种后 55~60 天开始收获。该类品种的耐低温和弱光能力以及雌花的单性结实能力均比较强，适合于露地早熟栽培及设施栽培。较优良的品种有长春密刺、新泰密刺、中农 5 号、津春 3 号、津优 3 号、鲁黄瓜 10、碧绿、顶峰 1 号等。

2. 中熟品种

第一雌花一般出现在主蔓的第 5~6 节处，雌花密度中等，一般播种后 60 天左右开始收获。该类品种的耐热、耐寒能力中等，露地和设施栽培均可，多用于露地栽培。较优良的品种有津研 4 号、津优 4 号、中农 2 号、中农 8 号、湘黄瓜 1 号等。

3. 晚熟品种

第 1 雌花一般出现在主蔓的第 7~8 节处，雌花密度小，空节多，一般每 3~4 节出现 1 雌花。通常播种后 65 天左右开始收获。该类品种的生长势比较强。较耐高温，瓜大，产量高，主要用于露地高产栽培以及塑料大棚越夏高产栽培。较优良的品种有津研 2 号、津研 7 号、宁阳密刺等。

三、黄瓜品种选购

1. 首选适销对路的品种

黄瓜品种的选择，不可单凭热情，要结合自己的生产条件和

生产水平。不同的黄瓜种植区域，对黄瓜品种也有不同的要求，并且相同或不同的黄瓜品种，由于其栽培习惯的不同，承载的风险也存相异之处。如有的品种适宜保护地栽培，却不适宜露地种植等，都需要我们认真的探究，进行科学的预测。选用什么样的黄瓜品种， 应遵循其生产投入与产出比效果明显， 产品能够抢占了市场，有钱可赚的原则，只有这样的黄瓜种子，才是适销对路的好品种。 如北方喜欢密刺型深绿色黄瓜，南方喜欢刺瘤少、颜色较浅的黄瓜等。

2. 避免盲目选择

选对的不选贵的。每一个地区都有几个常规大量栽培的品种，它们适应性强、高产抗病，很受市场欢迎，选择在当地已经试种成功的有质量保证的种子。有些菜农总认为买新奇品种好，其实恰恰相反，没有经过试种的品种，极易失败。若新引进的品种没有进行引种试验，即使在产地表现非常好，效益可观也不可盲目引进，一般是先少量购买试种 2~3 茬，之后根据生长表现确定引进与否。

3. 选择规模大、信誉度好的公司

选择具有一定规模、信誉比较好的种子公司和经营部门购买黄瓜种子。这些部门应具有地方种子管理单位颁发的种子经营许可证、种子生产许可证和种子检验合格证。如果是外地调运来的蔬菜种子，还应该有种子检疫证书等。因为这样的单位应该具有专业的技术人员，拥有完备的蔬菜种子加工基础设施，并且配有相应的种子质量检验员等，其售出的种子可视为质量可靠，信誉度好，不易出现问题，同时能够及时提供蔬菜产前产后服务，可以最大限度地避免因种子质量造成不必要的经济损失，而且一旦发生种子质量事故，这些单位有能力按照国家规定进行经济赔偿。如德澳特种苗公司、京研种业科技有限公司、科园春种业公司、海泽拉种苗公司、天津黄瓜研究所等。

4. 购种时注意三看

（1）看种子包装袋。市场上经销的黄瓜种子都实行了小包装，要选择包装美观大方，有商标及信誉较好的包装种子。要看种子袋上的图形和字迹是否清晰，袋上标注的品种名称、产地、净含量、种子经营许可证编号、质量指标、品种说明、检疫证明编号、生产单位及联系地址、联系方式、生产年月等内容是否齐全、明确。不要购买包装效果差，字迹模糊不清，袋上标注内容不标准、不正规、不明确的种子。

（2）看品种介绍和栽培技术。任何品种都有一定的适应地区和适应季节，要认真查看品种介绍和了解栽培技术，以便根据当地的自然条件、种植管理水平选择对路品种，决定购买数量。

（3）看种子的质量。购种时应查看一下包装袋内种子质量情况。一般质量好的种子净度较高，没有杂质，如小土块及其他种子，种子颜色、粒型、大小均匀一致，种子表皮富有光泽、新鲜。另外，还要向售种单位索取注明品种名称、数量、价格，售种单位公章的发票。

5. 购种后要注意

（1）要保存好购买种子时的发票。

（2）要及时拆开一袋做一下发芽率试验。如发芽率不好的，要及时与售种单位联系，请求退货或调换。

（3）要注意保存种子。可将购买的种子放入布袋内，吊挂在阴凉通风处；也可将袋装种子或用剩的种子重新密封好后放入冰箱或冷藏室保存。

（4）种子播种后要保留一定的样品和包装袋，万一种子质量有问题，种子播种后不能复原，可以取得证据。

第二节 黄瓜品种介绍

一、密刺系列

1. 津春 3 号

植株长势旺，抗病力强。瓜条绿色，长 33 厘米左右，刺瘤明显，质脆味浓，该品种耐低温，耐弱光，单性结实力强，最适于冬季栽培（图 4–2–1）。

2. 津春 4 号

植株生长势强，主蔓结瓜为主、侧蔓亦可结瓜。瓜条深绿、长 30 厘米，抗病力强，适于春夏露地栽培及秋季栽培（图 4–2–2）。

图 4–2–1　津春 3 号

图 4–2–2　津春 4 号

3. 津研 4 号

植株生长势中等，基本无侧枝，叶片较小、深绿色，以主蔓结瓜，第一雌花着生在第 5~7 节，以后每隔 2~3 节出现一雌花。瓜条棍棒形、顺直，长 35~40 厘米，单瓜重 250 克。瓜皮深绿色，有光泽，无棱，无瘤，白刺较密，果肉厚而紧密，呈浅绿色，商品性状好，品质佳。早熟，瓜条生长速度快，开花后 5~7 天即可采收嫩瓜。较耐瘠薄，抗霜霉病、白粉病能力强，较抗枯萎病。适于春秋露地、早春拱棚栽培（图 4–2–3）。

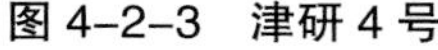
图 4–2–3　津研 4 号

图 4–2–4　津研 7 号

4. 津研 7 号

植株生长势强，主侧蔓均可结瓜。瓜条绿色、长棒状长 35~45 厘米、瓜头有黄条纹，耐热耐涝，适于夏秋栽培及秋季栽培（图 4–2–4）。

5. 津优 1 号

天津市农业科学院黄瓜研究所育成，植株紧凑，长势强，叶深绿色，主蔓结瓜为主，第 1 雌花着生在第 4~5 节，回头瓜多。瓜条顺直，长 36 厘米左右，单瓜重 250 克左右；瓜色深绿，有光泽，瘤显著密生白刺；瓜把短，果肉浅绿色、质脆、无苦味，品质优，商品性好。抗枯萎病、霜霉病和白粉病，具有良好的稳产性能，是春秋大棚种植的优良品种（图 4–2–5）。

图 4–2–5　津优 1 号

6. 津优 2 号

日光温室专用品种。植株长势强，茎粗壮，叶肥大。主蔓结瓜为主，单性结实能力强，瓜条生长速度快，不易化瓜。一般夜温 11~13℃可正常生长。瓜条长棒状，深绿色，单瓜重 200 克，品味佳，商品性好。早熟，耐低温弱光，高产、抗霜霉病、白粉病和枯萎病，一般亩产 5 000 千克以上。适合三北地区早春日光温室种植（图 4–2–6）。

7. 津优 3 号

植株生长势较强，叶色深绿，分枝较少。主蔓结瓜为主，第 1 雌花着生节位在第 4 节左右。瓜条棒状、顺直，瓜长 30 厘米左右，单瓜重 150 克。抗枯萎病、白粉病和霜霉病，耐低温、弱光性能优良，高产稳产。适于冬春温室栽培（图 4–2–7）。

图 4–2–6　津优 2 号

图 4–2–7　津优 3 号

8. 津优 6 号

植株生长势强， 叶深绿色。 主蔓结瓜为主， 春天第 1 雌花着生在第 4 节左右， 雌花节率 50% 左右。瓜顺直，长棒状，长 30 厘米左右，单瓜质量 130 克左右。商品性好，瓜把短，瓜色深绿，

有光泽；无瘤，无棱，刺极少；果肉浅绿色、质脆、味甜、品质优。对枯萎病、霜霉病、 白粉病的抗性强，适合华北地区春、秋露地和春秋大棚栽培（图 4–2–8）。

9. 津优 11 号

生长势较强，叶片中等大小，瓜码密，属雌花分化对温度要求不敏感类型，秋延后栽培第一雌花节位在第 8~9 节，瓜条深绿色稍有光泽，刺瘤明显，无苦味，瓜把较短，长 33 厘米，横径 3 厘米，抗黄瓜霜霉病、白粉病、枯萎病，在夏季高温下播种表现抗病毒病。前期耐高温、后期耐低温，适合秋延后大棚栽培，秋延后大棚的专用品种（图 4–2–9）。

图 4–2–8　津优 6 号

图 4–2–9　津优 11 号

10. 津优 13 号

植株长势中等，叶片中等大小，从而有效利用了光能。该品种表现早熟，第 1 雌花节位出现在第 6 节左右。瓜条长 35 厘米左右，单瓜重 220 克，瓜条顺直、深绿色、有光泽，刺密、瘤明显。耐高温能力强，在最高温度为 34~36℃条件下能够正常结瓜，畸形瓜率低。抗病性强，兼抗霜霉病、白粉病、枯萎病、黄瓜花叶病毒病和西瓜花叶病毒病等病害。适合春 、秋大棚种植（图 4–2–10）。

11. 津优 35 号

植株生长势较强，瓜条顺直，皮色深绿、光泽度好，单性结实能力强，瓜条生长速度快。早熟性好， 中抗霜霉病、白粉病、枯萎病，耐低温、弱光。刺密、无棱、瘤小，腰瓜长 33~34 厘米，不弯瓜，不化瓜，畸形瓜率极低，单瓜重 200 克左右，适宜在华北、东北和西北等地区适宜日光温室及越冬茬早春栽培（图 4–2–11）。

图 4–2–10　津优 13 号

图 4–2–11　津优 35 号

12. 津优 36 号

植株生长势强，叶片大，主蔓结瓜为主，瓜码密，回头瓜多，瓜条生长速度快。早熟，抗霜霉病、白粉病、枯萎病，耐低温、弱光能力强。瓜条顺直，皮色深绿、有光泽，瓜把短，心腔小，刺瘤适中，腰瓜长 32 厘米左右，畸形瓜率低，单瓜重 200 克左右，适宜温室越冬茬及早春茬栽培（图 4–2–12）。

图 4-2-12　津优 36 号

13. 德瑞特 F16

瓜秧特性：该品种植株紧凑，长势强，龙头大，主蔓结瓜，叶片中等大小，节间适中；瓜条长 35~40 厘米，整齐，顺直，颜色深，油亮型，无黄线，密刺短把，瓜码密，连续结瓜能力强，不歇秧，产量高，易于管理。适应越夏温室、拱棚栽培（图 4-2-13）。

14. 德瑞特 D19

植株生长势强，叶片中等大小，主蔓结瓜为主，单性结实能力强，回头瓜较少。瓜条生长速度中等，早熟性较好，耐低温、弱光能力强。瓜条棒状，皮色深绿均匀、光泽度好，刺瘤中等、无棱，商品性佳。腰瓜长 32~34 厘米，瓜把小于瓜长 1/7，心腔小于瓜横径 1/2，品质好，单瓜重 200 克左右。适应性强，不早衰。抗霜霉病、白粉病、枯萎病和褐斑病。适宜日光温室早春茬和秋冬茬栽培（图 4-2-14）。

图 4-2-13　德瑞特 F16

图 4-2-14　德瑞特 D19

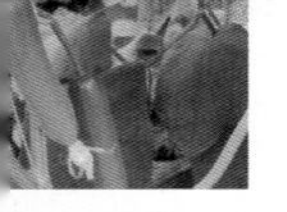

图 4–2–15　德瑞特 721

15. 德瑞特 721

植株生长势中等，叶片中等偏小，株型好，主蔓结瓜为主，瓜码密，瓜条生长速度快，连续结瓜能力强，丰产能力强，产量高。该品种瓜条长 34 厘米左右，密刺，短把，瓜条直，精品瓜多，畸形瓜少。耐低温、弱光能力强，抗枯萎病能力强，中抗霜霉病、白粉病。适宜秋冬温室（接苦瓜茬）、早春温室、春大棚栽培（图 4–2–15）。

16. 德瑞特 723

植株生长势强，叶片中等，株型好，节间短，主蔓结瓜为主，连续结瓜能力强，产量高。中密刺，瓜条长 34 厘米左右，瓜把短，瓜条直，瓜皮绿亮色，耐低温、弱光能力强，抗病强（抗黄点病、枯萎病、霜霉病明显）。适合越冬温室一大茬种植（图 4–2–16）。

图 4–2–16　德瑞特 723

图 4–2–17　德瑞特 B79

17. 德瑞特 B79

植株长势强，株型紧凑，龙头大，下瓜早，膨瓜速度快，拉瓜能力强，叶片中等，叶色黑绿，节间稳定适中，瓜码密，回头能力强，抗病能力强。瓜条长 36~37 厘米，顺直，整齐，油亮，颜色均匀，密刺，短把，瓜条性状稳定，下瓜快，总产量高（前中期尤为突出）。适应秋延茬栽培，在 8 月初到 10 月中旬定植（图 4–2–17）。

18. 德瑞特 D91

株型紧凑，长势强，龙头大，主蔓结瓜，叶片中等大小，节间适中；瓜码密，连续结瓜能力强，不歇秧，产量高，瓜条长 36 厘米左右，短把，密刺，颜色均匀，顺直，整齐，瓜条性状稳定。适应秋延迟茬口、早春茬口栽培（图 4-2-18）。

图 4-2-18　德瑞特 D91

图 4-2-19　德瑞特 727

19. 德瑞特 727

植株生长势中等，叶片中等偏小，株型好，主蔓结瓜为主，瓜码密，瓜条生长速度快，连续结瓜能力强，瓜条长 34 厘米左右，短把密刺，瓜条直，精品瓜达 90% 以上。适宜秋冬温室（套苦瓜茬）、早春温室、春大棚栽培（图 4-2-19）。

20. 德瑞特 E95

株型紧凑，长势强，叶片中等，节间稳定，主蔓结瓜，瓜码密。瓜条长 36 厘米左右，整齐，顺直，颜色均匀，油亮，密刺，把短，商品瓜多，下瓜快，膨瓜速度快，瓜条性状稳定，产量高。适应越冬茬栽培（图 4-2-20）。

图 4-2-20　德瑞特 E95

21. 德瑞特 789c

图 4-2-21　德瑞特 789C

该品种瓜条长 34 厘米左右，短把、密刺、瓜条直，商品瓜率高。瓜码密，瓜条生长速度快，连续结瓜能力强。植株生长势中等，叶片中等，株型好，耐低温、弱光、抗病。产量高，效益好。苗龄 35~40 天，该品种瓜码密，不需要喷施乙烯利、增瓜灵等。冬春茬温室栽培以促为主，不蹲苗（图 4-2-21）。

22. 德瑞特 787A

图 4-2-22　德瑞特 787A

长势强，瓜码密，节间适中，膨瓜速度快，拉瓜能力强，不歇秧；耐病性强。把短，瓜条长 35 厘米，顺直，整齐，颜黑亮，密刺，商品瓜率高，产量高，适应越冬、早春茬温室栽培（图 4-2-22）。

23. 德瑞特 M15

图 4-2-23　德瑞特 M15

耐寒性强，长势稳健，中等叶片，株型好，通风透光好；瓜码较密，下瓜早，下瓜快，前中期产量高，总产量突出；瓜条顺直整齐、短把密刺、瓜色深绿有光泽，绿瓤，平均瓜长 32 厘米，商品瓜率高；高抗霜霉病、角斑

病、白粉病等叶部病害，兼抗枯萎病等土传病害。适合早春大棚栽培（图 4–2–23）。

24. 德瑞特 741

植株生长势强，温度适应性好，在低温和高温下生长健壮；坐瓜能力强，瓜码密，以主蔓结瓜为主；瓜柄短，白色刺瘤，密刺，瓜条长度 35 厘米左右，瓜条顺直，色深绿，在高温下无“黄头”，商品性好，高产期长，不早衰；抗病能力强，对霜霉病、病毒病、疤斑病和灰霉病有较强抗性；适于日光温室和拱棚秋延、越夏和秋延后栽培（图 4–2–24）。

25. 津绿 30

植株生长势中等，叶片中等大小。雌花节率 50% 左右，主蔓结瓜为主，单性结实能力强。瓜条生长速度快，早熟性很好。抗霜霉病、白粉病、枯萎病。耐低温、弱光能力强。瓜条棒状，皮色深绿均匀、光泽度好，密刺瘤中等，商品性好。腰瓜长 33 厘米左右，单瓜重 200 克左右。适宜越冬和早春温室栽培（图 4–2–25）。

图 4–2–24　德瑞特 741

图 4–2–25　津绿 30

26. 津绿 21–10

叶片中等，主蔓结瓜为主，瓜码密，回头瓜多，瓜条生长速度快，丰产潜力大。早熟性好，耐低温弱光能力强，高抗霜霉病、白粉病、枯萎病。瓜条顺直，皮色深绿，光泽度好，瓜把短，刺瘤密，腰瓜长 36 厘米左右，单瓜重 200 克左右，果肉淡绿色，商品性极佳。适宜日光温室越冬茬及早春茬栽培（图 4–2–26）。

图 4–2–26　津绿 21–10

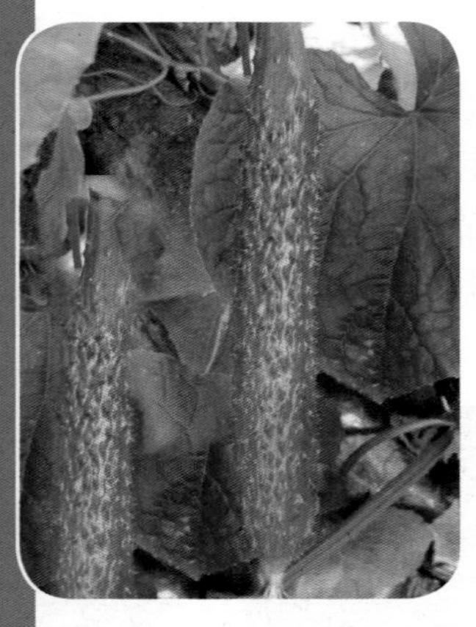

图 4–2–27　中农 12

27. 中农 12 号

早中熟杂种一代。生长势强，主蔓结瓜为主。第 1 雌花始于主蔓第 2~4 节，每隔 1~3 节出现 1 雌花，瓜码较密。瓜条商品性极佳，瓜长棒形，瓜长 25~32 厘米，单瓜重 200 克左右，瓜色深绿一致，有光泽，无花纹，瓜把短，刺瘤中，白刺，质脆，味甜。前期产量高。丰产性好，亩产 5 000 千克以上。抗霜霉病、白粉病、黑星病、枯萎病等多种病害。适宜春茬日光温室、春棚及春露地栽培，为综合性状优良的新品种（图 4–2–27）。

28. 中农 16 号

中早熟普通花型一代杂种，植株生长速度快，结瓜集中，主蔓结瓜为

图 4–2–28　中农 16

主，第一雌花始于主蔓第 3~4 节，每隔 2~3 片叶出现 1~3 节雌花，瓜码较密。瓜条商品性及品质极佳，瓜条长棒型，瓜长 30 厘米左右，瓜把短，瓜色深绿，有光泽，无黄色条纹，白刺、较密，瘤小，单瓜重 150~200 克，口感脆甜。熟性早，丰产性好。抗霜霉病、白粉病、黑星病、枯萎病等多种病害。适宜春露地及秋棚延后栽培，亦可在早春保护地种植（图 4–2–28）。

29. 中农 18 号

早熟，生长势强，分枝中等。主蔓结果为主，早春栽培第 1 雌花始于主蔓第 5 节以上。瓜色深绿，瓜长 33~38 厘米，把短。刺瘤密，白刺，瘤中小，无黄色条纹，亩产可达 10 000 千克。抗霜霉病、白粉病、病毒病等病害。适宜春秋大棚和露地栽培（图 4–2–29）。

图 4–2–29　中农 18

30. 中农 26 号

生长势强，分枝中等，主蔓结果为主，节成性好，坐果能力强，瓜条发育速度快，回头瓜较多。瓜色深绿、油亮，腰瓜长 30 厘米左右，瓜把短，瓜粗 3.3 厘米左右，商品瓜率高。刺瘤密，白刺，瘤小，无棱，无黄色条纹，口感好。熟性中等，从播种到始收 55 天左右。丰产，持续结果能力强，亩产最高可达 10 000 千克以上。综合抗病能力及耐低温弱光能力强，适宜日光温室越冬、早春、秋冬茬栽培（图 4–2–30）。

图 4–2–30　中农 26

31. 圣冬

植株生长势强，株型紧凑，主蔓结瓜为主，叶色深绿，叶片大，第 1 雌花节位在第 3~4 节，每隔 1~2 节结瓜，单性结实能力强，生长发育速度快，瓜条棍棒状，深绿色，棱瘤明显，刺密生，

图 4-2-31　圣冬

瓜条长 33~35 厘米，单瓜重 200 克左右，瓜把短，商品性好，抗霜霉病、白粉病能力强。适宜冬早春温室大棚栽培（图 4-2-31）。

32. 中农 32

温室栽培类型，普通花性杂交一代黄瓜新品种。早熟，从定植到始收约 35 天。植株生长势强，分枝较弱。第 1 花序始于主蔓第 4~5 节，间隔 2 片叶出现 1 雌花，节间较长。瓜条棍棒状，瓜色深绿、稍亮，腰瓜长约 35 厘米，瓜粗约 3.4 厘米，瓜把短，刺瘤密，白刺，瘤小，无棱，心腔小，果肉淡绿色，口感好。商品瓜率高达 96% 以上。耐低温弱光性好。抗 WMV、ZYMV、PRSV，中抗 CMV、霜霉病、枯萎病、黑星病。丰产优势明显，越冬温室栽培每亩 (1 亩 ≈ 667 平方米。下同) 产量高达 10 000 千克以上。适宜日光温室各茬口栽培（图 4-2-32）。

图 4-2-32　中农 32

图 4-33　中农 118

33. 中农 118

中熟，生长势强，主侧蔓结瓜。瓜码较密。瓜色深绿，有光泽，无棱，无花纹，瘤中，刺密，白刺。瓜长 30~35 厘米，单瓜重 300 克左右，瓜把短，质脆味甜，品质佳。耐热性强，丰产性好，产可达 6 000 千克以上。抗黄瓜多种病害。适宜各地春露地栽培（图 4-2-33）。

34. 中农 203

图 4-2-34　中农 203

保护地早熟、抗病、丰产、优质、强雌型黄瓜一代杂交种。植株生产势强，生长速度快，主蔓结瓜为主，第 1~2 节位有雄花，第 3~4 节位起出现雌花，以后几乎每节有雌花。早期产量和总产量均高。瓜长棒形，把短、条直，瓜皮深绿色，有光泽，瓜表基本无条纹，白刺，瘤刺小且较密。瓜长 30 厘米左右，横径 3.5 厘米。肉厚、腔小，品质脆嫩，味微甜，商品性好。植株抗霜霉病、白粉病和枯萎病等多种病害。 适宜华北、东北、华东、华中及西南大部分地区的春季大棚、小棚、温室、日光温室等保护地栽培（图 4-2-34）。

35. 长春密刺

图 4-2-35　长春密刺

植株生长势强，节间短，分枝力中等。以主蔓结瓜为主，第 3~4 节着生根瓜，瓜码密，回头瓜多。瓜长棒状，匀称，深绿色，瓜把较短，刺瘤小而密，瓜条长 30~35 厘米，横径 3.5 厘米。瓜肉较厚，脆嫩，淡绿色，瓤小，瓜皮较厚。单瓜重 200~250 克。长春密刺属早熟品种。耐寒性较强，耐弱光，对枯萎病抗性较强，但不抗干热，对霜霉病、白粉病的抗性较弱。极适于保护栽培（图 4-2-35）。

图 4-2-36　新泰密刺

36. 新泰密刺

山东省新泰市地方品种，其品种特性与长春密刺基本相同。有一串铃和大青把两个品系。一串铃：株矮、叶小、节间短，植株生长旺盛时期易长侧蔓，但侧蔓弱。瓜码密，每节有 1~3 条瓜，故名一串铃。瓜皮深绿色，白刺较密，瓜顶部有黄色条纹。抗病性强。大青把：叶大节长。瓜条比一串铃粗长，瓜把也较长。瓜码较密，每隔 1 节有 1~2 条瓜。比一串铃晚熟 3~5 天（图 4-2-36）。

37. 优冠 2 号

韩国引进的杂交一代黄瓜品种，耐低温弱光，抗霜霉病、白粉病和枯萎病能力强，瓜条顺直，深绿有光泽，瓜长 35 厘米左右，坐果能力强，产量丰高，是越冬日光温室和早春栽培的理想品种（图 4-2-37）。

图 4-2-37　优冠 2 号

38. 秋盛

植株长势强，主侧蔓均可结瓜，坐瓜率高，瓜条深绿色，长棒形有光泽，瓜刺细密，瓜长 30 ～ 35 厘米，瓜把短，果肉淡绿色，质脆味佳。主蔓第 3~4 节现雌花，熟期早，前期产量高，播种至始收只需 52 天。抗霜霉病、白粉病、病毒病、炭蛆病、枯萎病的能力强。亩产 10 000 千克。适合春、夏、秋露地以及大棚栽培（图 4-2-38）。

39. 冬威

杂交一代，油亮型。该品种植株长势较强，叶片中等大小，叶肉厚，叶色深绿。瓜码密，以主蔓结瓜为主。抗霜霉病、白粉病、枯萎病。耐低温弱光能力强，在越冬栽培中不歇秧，持续结瓜能力强。瓜条商品性佳，瓜条顺直，瓜把短，皮色深绿，光泽度好，腰瓜 33 厘米，质脆味甜，品质好，产量高。适合早春、秋延、越冬种植（图 4–2–39）。

图 4–2–38　秋盛

图 4–2–39　冬威

40. 济优 13 号

植株长势强，叶片中等大小，深绿色、较厚，主蔓结瓜为主，有回头瓜，第 1 雌花节位始于主蔓第 5~6 节，雌花节率 45% 左右，瓜条顺直，瓜长 32 厘米左右，单瓜质量 220 克左右，瓜把适中，心腔小于 1/2，瓜深绿色，富光泽，刺瘤中等，密生白刺，无棱，畸形瓜率 6.7%，果肉淡绿色，口感脆甜。抗霜霉病、白粉病、中抗枯萎病，日光温室越冬栽培亩产量 12 000 千克左右，

图 4–2–40　济优 13

适宜日光温室越冬栽培（图 4–2–40）。

图 4–2–41　菲林格尔

41. 菲林格尔

植株抗寒性好，龙头旺，不歇茬，早熟型好。植株长势旺盛，叶片大小中等，坐瓜均匀，膨瓜速度快，瓜条顺直，皮色深绿，光泽度好，瓜长 36 厘米。高抗霜霉病、白粉病、蔓枯病，产量特高，适宜越冬、早春日光温室种植（图 4–2–41）。

42. 优盛

图 4–2–42　优盛

生长势强，主蔓结瓜为主，回头瓜多，瓜条顺直，瓜皮深绿色，有光泽，刺瘤密且明显，瓜把短，瓜条长度 35 厘米左右，坐果能力强，适合春秋露地及保护地栽培（图 4–2–42）。

43. 冬丰

图 4–2–43　冬丰

植株健壮，叶中等大小，早熟，瓜码密，冬季栽培，瓜条生长速度快，可连续数节同时采收商品瓜，瓜条顺直，长 35 厘米左右，皮色深绿有光泽，把短、刺密、绿瓤、瓜形整齐，抗重茬，抗寒性强，在低温寡照的冬季可获得很高的产量，不歇秧、不早衰，产量特高，综合性状明显优于其他同类品种，亩产可达 20 000 千克以上，是越冬茬、冬春茬保护地黄瓜栽培优良品种（图 4–2–43）。

44. 津旺 605-1

植株长势强，瓜长 35 厘米左右。叶片中等，主蔓结瓜为主，回头瓜较多，瓜条美观，瓜把短，密刺，瓜刺硬，瓜深绿色，有光泽，无棱，瓜膨大速度快，前期产量比其他品种高产 30%。瓜肉淡绿色，口感好。瓜刺在运输过程中损失小，适合外销。连续结瓜能力强，瓜条顺直，基本无畸形瓜，容易管理。适合冬春、早春温室及春大棚种植（图 4-2-44）。

图 4-2-44　津旺 605-1

45. 春绿

植株生长强健，主、侧蔓均可坐瓜，雌花发生多，坐瓜力强。瓜色深绿，无黄色条纹，有光泽，刺瘤中等。瓜把短，瓜条顺直，棒形，长度约 36 厘米。果肉绿色，肉质细脆、清甜，品质优异。耐寒、丰产、抗病、耐贮运。适合温室和拱棚早春栽培（图 4-2-45）。

46. 改良长春密刺

早熟品种，植株生长势较强，有分枝，节间短，第 3~4 叶着

图 4-45　春绿

图 4-46　改良长春密刺

生首朵雌花，瓜码密，叶绿色，嫩瓜棒形，瓜长 25~30 厘米，瓜外皮深绿色，密刺，瓜条整齐，果肉厚，肉绿白色，肉质脆嫩，味稍甜，清香味浓，品质好，耐寒性，耐热性，均较强，喜肥水，耐运输。该品种适宜早春大棚栽培，2 月中下旬播种，注意蹲苗，防止徒长，4 月上旬定植（图 4–2–46）。

47. 圣冠 116

品种属密刺型，以主蔓结瓜为主，瓜码密，色深绿，瓜条顺直瓜长 35~38 厘米，瓜把短，商品性好，植株叶片中等长势强，耐低温弱光，连续坐瓜能力强，抗病性好，亩产可达 20 000 千克左右，适合日光温室早春及越冬及秋延后栽培（图 4–2–47）。

图 4–2–47　圣冠 116

48. 津杂 3 号

生长势强，叶色深绿，叶片大而厚，分枝性强，主侧蔓结瓜，第 1 雌花着生在第 3~4 节。瓜棍棒形，长 30~35 厘米，横径 3~3.5 厘米，单瓜重 150~250 克，瓜色深绿，有光泽，棱瘤明显，白刺，质脆清香，品质中上等。中晚熟。春露地栽培从播种到始收 69 天左右，秋季从播种到始收 42 天。抗霜霉病、白粉病、枯萎病和疫病。亩产 7 000 千克以上。适宜中小棚、地膜覆盖、春露地及秋延后栽培（图 4–2–48）。

49. 春秋王

以色列品种，植株生长强健，以主蔓结瓜为主，结瓜连续性强，第 4~5 节着瓜，瓜条顺直，瓜长 32~40 厘米，绿色有光泽，瓜把短，白刺，刺溜适中，商品性佳，丰产性强，亩产高达 18 000 千克以上，高抗枯萎病、霜霉病、白粉病，适宜春秋大棚及春秋露地种植（图 4–2–49）。

图 4-2-48　津杂 3 号

图 4-2-49　春秋王

50. 富农 3 号

荷兰引进，植株生长势旺盛，茎粗壮，叶片中等大小，耐寒能力极强，抗霜霉病、白粉病、枯萎病等，瓜条顺直，瓜把短，刺密明显，瓜长 35 厘米左右，瓜重 220 克左右，瓜深绿色，无尾部黄线，该品种连续坐瓜能力特强，亩产 20 000 千克左右，适合秋冬保护地栽培（图 4-2-50）。

图 4-2-50　富农 3 号

51. 乾德 70

该品种植株长势强，产量高，瓜条直，短把，密刺，瓜条油亮，瓜条长 36 厘米左右，商品性佳，耐热性好，是越夏栽培优良品种（图 4-2-51）。

52. 乾德 777

强雌油亮型黄瓜，该品种瓜色油亮深绿色，天热无黄头黄线，瓜长 36 厘米左右，商品性极佳。抗病能力强，是春秋保护地栽培优秀品种（图 4-2-52）。

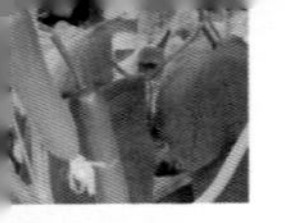

图 4–2–51　乾德 70

图 4–2–52　乾德 777

53. 乾德 A12

图 4–2–53　乾德 A12

该品种植株长势强，叶片中等，瓜码密，结瓜早，主蔓结瓜为主，膨瓜速度快，把短条直，刺密，瓜色深绿，光泽好，瓜条长 36 厘米左右，单瓜重 200 克左右，早熟性好，前期产量极高，中后期产量稳定，丰产潜力大。耐低温、弱光能力强，抗霜霉病、白粉病等叶部病害能力强，是春季保护地栽培的最优品种（图 4–2–53）。

54. 冬傲 A06

越冬温室黄光专用性品种，耐低温、弱光能力强，在较低的温度和弱光条件下生长良好。坐瓜稳定，早熟，抗病性好，第 1 雌花着生在第 3~4 节，雌花率高，对霜霉病，白粉病，枯萎病，灰霉病抗性极强，商品性极佳，瓜条顺直，瓜把短，心腔小，瘤中等，腰瓜长 30~35 厘米，瓜色亮绿，肉质甜脆，品质好。适合北方日光温室越冬茬和早春茬高产栽培，定植 3 500 株左右（图 4–2–54）。

55. 冬傲 A03

沈阳嘉禾公司选育，耐低温、弱光能力突出，在较低的温度和弱光条件下可正常生长。生长势较强，中小叶片，主蔓结瓜为主，瓜码密，连续结瓜能力强，丰产潜力大。温室栽培第 1 雌花节位在第 3~4 节，瓜条顺直，瓜把短，心腔小，刺密，无棱，瘤小，腰瓜条 34 厘米左右，单瓜重 200 克左右。抗霜霉病、白粉病、枯萎病和灰霉病。该品种适合北方日光温室越冬茬、早春茬及早春大棚栽培。定植 3 500 株左右（图 4-2-55）。

图 4-2-54 冬傲 A06

图 4-2-55 冬傲 A03

图 4-2-56 中大 12-18

56. 中大 12-18

植株健壮，叶中等大小，早熟，瓜码密，冬季栽培，瓜条生长速度快，可连续数节同时采收商品瓜，瓜条顺直，长 35 厘米左右，皮色深绿有光泽，把短、刺密、绿瓤、瓜形整齐，抗重茬，抗寒性强，在低温寡照的冬季可获得很高的产量，不歇秧、不早衰，产量特高，综合性状明显优于其他同类品种，亩产可达 20 000 千克，是冬、春季节保护地黄瓜栽培最优良品种（图 4-2-56）。

图 4-2-57 京研 106

57. 京研 106

适于春温室、春大棚栽培，耐低温、弱光，中抗霜霉病、白粉病。瓜长 28~30 厘米，瓜把短，色泽深绿、有光泽，刺瘤适中，商品性很好（图 4-2-57）。

58. 京研 107

雌性品种，耐低温、弱光、高产、抗病性好，植株生长势旺盛，持续结果能力以及单性结实能力强。瓜棒状，顺直，瓜长 28 厘米左右，单瓜重 200~230 克，瓜把较短，小瘤刺，肉质紧实脆嫩，可溶性固形物 3.9%，口感好。中抗霜霉病、白粉病。耐低温弱光。丰产，果肉硬，耐储运。适合冬春温室、春大棚栽培（图 4-2-58）。

59. 北京 203

适于春秋大棚种植，结瓜早，发育速度快，抗霜霉病、白粉病和枯萎病能力强，品质好，质脆，商品性好（图 4-2-59）。

图 4-2-58 京研 107

图 4-2-59 北京 203

60. 北京 403

生长势强，抗霜霉病、白粉病、病毒病，产量高，瓜长 33 厘米，刺瘤明显，瓜色亮绿，品质好。适合春露地栽培，也可春秋大棚栽培（图 4–2–60）。

61. 京研 109

植株长势强，主蔓结瓜为主，瓜条棒状，主瓜长 30 厘米，瓜皮绿色，小刺瘤。耐低温弱光，较耐热，抗病性强。瓜条顺直，长 35 厘米，刺瘤密。适合春秋大棚、北方温室早春栽培（图 4–2–61）。

图 4–2–60　北京 403

图 4–2–61　京研 109

图 4–2–62　京研 118

图 4–2–63　京丰 440

62. 京研 118

植株长势强，中早熟，主蔓结瓜为主，瓜长 33 厘米，瓜皮绿色，中小刺瘤。耐低温弱光，较耐热，抗病性强。适合春秋大棚、北方温室早春栽培（图 4–2–62）。

63. 京丰 440

植株长势强，叶片大小中等，瓜码密。极早熟，膨瓜速度快，连续坐

瓜能力强。耐低温弱光耐热性突出，抗霜霉病、白粉病、枯萎病。瓜条顺直，长 35~40 厘米，刺瘤中。适合大春秋大棚嫁接栽培（图 4–2–63）。

64. 京丰 459

植株长势强，叶片大小中等，强雌，极早熟，膨瓜速度快，连续坐瓜能力强。耐冷耐热性突出，抗霜霉病、白粉病、枯萎病。瓜条顺直，把短，瓜长 35 厘米，刺瘤小。适合春秋大棚嫁接栽培（图 4–2–64）。

65. 京研春宝 1567

植株长势强，中早熟，不早衰，瓜长 33 厘米，瓜皮绿色，中小刺瘤。耐低温弱光，较耐热，抗病性强。适合春秋大棚、北方温室早春栽培（图 4–2–65）。

66. 京研春秋绿 2 号

植株生长势强，早熟，不易早衰，主蔓结瓜，瓜条顺直，瓜把短，外皮油绿色，刺瘤适中，瓜长 32~34 厘米，综合抗性强。适合早春、秋延迟栽培（图 4–2–66）。

图 4–2–64　京丰 459

图 4–2–65　京研春宝 1567

图 4–2–66　京研春秋绿 2 号

67. 京丰 16

植株长势强，叶片大小中等，极早熟。连续坐瓜能力强。抗霜霉病、白粉病、枯萎病。瓜条顺直，长 28~30 厘米，刺瘤中。适合春秋大棚嫁接栽培（图 4-2-67）。

图 4-2-67　京丰 16 号

68. 京丰 235

植株长势强，叶片大小中等，强雌，极早熟，膨瓜速度快，连续坐瓜能力强，耐低温弱光、耐热性强。瓜长 35~40 厘米，皮色深绿，刺瘤中，适宜春秋大棚嫁接栽培（图 4-2-68）。

图 4-2-68　京丰 235 号

69. 状元 1 号

青岛新干线公司选育，全雌性，耐低温弱光、耐高温高湿、长势强壮、抗病力强，产量高，瓜把短，瓜条直，刺瘤适中，色泽油亮，瓜长 33 厘米左右，市场价格高。适于越冬、早春、秋延保护地栽培（图 4-2-69）。

图 4-2-69　状元 1 号

70. 状元 2 号

半雌性，耐寒耐热，抗病，产量高，把短，刺瘤均匀，瓜俊美，瓜长 35 厘米左右，市场价格高。适于保护地栽培（图 4-2-70）。

71. 状元 3 号

节间短，龙头旺，抗霜霉、白粉和病毒病。雌性合理，成瓜速度快，产量高，瓜短，条直，刺瘤匀美，直播瓜色依然油亮，瓜长 35 厘米左右。适于晚春、秋延保护地和露地栽培（图 4-2-71）。

图 4-2-70　状元 2 号

图 4-2-71　状元 3 号

72. 盛冬 3 号

植株生长旺盛，叶片中等，主蔓结瓜为主，瓜码密，瓜条生长速度快，不歇秧，连续坐瓜能力强，瓜条顺直，皮色亮绿有光，把短刺密，瘤适中，瓜肉浅绿、味甜，瓜长 35 厘米左右，畸形瓜率低，单瓜重 200 克左右，抗病性强。适宜温室大棚早春、秋延及越冬茬栽培（图 4-2-72）。

图 4-2-72　盛冬 3 号

73. 盛冬 8 号

植株生长势强，耐低温耐弱光能力强，低温时龙头生长挺拔，瓜条生长速度快，不歇秧，丰产潜力大，不早衰。瓜长 35 厘米左右，瓜条顺直，瓜把短，密刺，无棱，无黄头，瓜色亮绿，果肉淡绿

色，商品性极好。适宜越冬，早春日光温室及早春大拱棚栽培（图 4–2–73）。

74. 盛绿 3 号

植株生长势强健，不歇秧、不封顶，瓜码密，连续坐瓜能力强，抗病性、耐热性好，瓜长 35 厘米左右，瓜色深绿有光，把短刺密，无黄头，瓜条顺直，瓜肉浅绿，品质佳。适宜早春、越夏、秋延拱棚及春夏秋露地栽培（图 4–2–74）。

图 4–2–73　盛冬 8 号

图 4–2–74　盛绿 3 号

图 4–2–75　韩研 28–6

75. 韩研 28–6

由韩国引进培育，植株长势强，叶片大小中等，叶色深绿，瓜条顺直，深绿色，瘤明显，瓜把粗短，商品性好，瓜长 35~38 厘米，单瓜重 220 克左右，主蔓结瓜为主，瓜码密，瓜条生长速度快，连续坐瓜能力强，不歇秧，产量高，抗低温能力强 。耐低温、弱光能力强，该品种在连续多日低温、阴天、低弱光环境中，仍

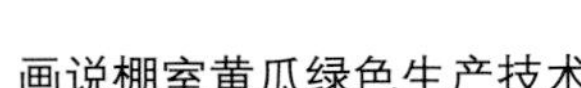

能正常生长结瓜，不歇秧，是越冬温室栽培的品种图（图 4–2–75）。

图 4–2–76 秋盛

76. 秋盛

植株长势强，主侧蔓均可结瓜，坐瓜率高，瓜条深绿色，长棒形有光泽，瓜刺细密，瓜长 30~35 厘米，瓜把短，果肉淡绿色，质脆味佳。主蔓第 3~4 节现雌花，熟期早，前期产量高，播种至始收只需 52 天。抗霜霉病、白粉病、病毒病、炭疽病、枯萎病的能力强。亩产 10 000 千克。适合春、夏、秋露地以及大棚栽培（图 4–2–76）。

77. 冬威

杂交一代，油亮型。该品种植株长势较强，叶片中等大小，叶肉厚，叶色深绿。瓜码密，以主蔓结瓜为主。抗霜霉病、白粉病、枯萎病。耐低温弱光能力强，在越冬栽培中不歇秧，持续结瓜能力强。瓜条商品性佳，瓜条顺直，瓜把短，皮色深绿，光泽度好，瓜长 32~34 厘米，质脆味甜，品质好，产量高。适合早春，秋延，越冬种植（图 4–2–77）。

图 4–2–77 冬威

图 4–2–78 圣丰

78. 圣丰

植株生长势强，温度适应性好，在低温和高温下生长健壮，坐瓜能力强，瓜码密，主蔓结瓜，瓜柄短，白色刺瘤，密刺，瓜条长度33厘米左右，瓜条顺直，色深绿，商品性好，高产期长，不早衰， 抗病能力强，对霜霉病、病毒病、灰霉病有较强抗性。适于日光温室和拱棚秋延、越冬和早春栽培（图4–2–78）。

79. 荷兰 M6

沈阳嘉禾公司选育，中早熟杂交种，生长速度快。坐瓜集中，丰产性好。瓜条匀直，瓜把短，深绿色，光泽度好。瓜长30厘米左右，单瓜重约200克。果肉浅绿，甜脆可口，商品性极好。对霜霉病、白粉病、枯萎病等有较强抗性。一般亩产6 000~8 000千克。适合春露地及秋延后栽培，定植3 500~4 000株（图4–2–79）。

图4–2–79　荷兰 M6

80. 博优一号

生长势强，主蔓结瓜为主，回头瓜多，瓜条顺直，瓜皮深绿色，有光泽，刺瘤密且明显，瓜把短，瓜条长35厘米左右，单瓜重200克左右，适合南北春秋露地、保护地栽培。适合全国各黄瓜主栽区春秋露地、保护地栽培（图4–2–80）。

图4–2–80　博优一号

81. 博优二号

国外引进的杂交一代黄瓜品种，耐低温弱光，抗霜霉病、白粉病和枯萎病能力强，瓜条顺直，深绿有光泽，瓜长35厘米左右，坐果能力强，产量丰高，是越冬日光温室和早春栽培的理想品种。适宜全国各黄瓜主栽区越冬、早春日光温室栽培（图4–2–81）。

82. 长青竹黄瓜

早熟品种，从播种到始收约60天，植株生长势强，茎粗壮，侧枝较少，主侧蔓均能结瓜，叶片深绿色，耐低温、弱光能力强，瓜条直长棒状，瓜码密，商品瓜长30厘米左右，外皮鲜绿色，刺瘤适中，肉淡绿色，瓜腔小，肉脆嫩多汁，清香爽口，商品性状好，品质优，适宜露地，秋大棚栽培，抗病性强，适应性广，丰产性好（图4–2–82）。

图4–2–81　博优二号

图4–2–82　长青竹

83. 凯盛17–1

济南凯盛公司繁育，植株长势旺盛，拉瓜能力强，下瓜快，莱芜黄瓜苗，节间适中，叶片中等，深绿色，瓜码密，把短，油亮型，瓜长38厘米左右，畸形瓜少，耐阴天，耐弱光，抗热性好，是目前保护地黄瓜的品种。适合温室早春、拱棚越夏、秋延后栽培（图4–2–83）。

图4–2–83　凯盛17–1

二、 少刺型黄瓜

1. 未来 4 号

节间短，长势粗壮，不早衰，抗病毒和其他病害。瓜长 17 厘米，瓜条顺直，刺瘤大且匀美，色泽均匀，浅翠绿色，丰产性极高（图 4–2–84）。

2. 未来 6 号

适于春秋大棚栽培和露地栽培，耐热性极强，抗病毒病、霜霉病、角斑病、靶斑病、白粉病等多种病害。长势强，龙头旺，不易早衰，产量高，全雌性，瓜长 16 厘米左右，色泽呈雪花绿，刺瘤中等，口感佳（图 4–2–85）。

3. 未来 8 号

长势粗壮，成瓜速度快，产量高，龙头旺，抗病，不早易衰，瓜长 17 厘米左右，瓜条顺直，刺瘤大且匀美，瓜色翠绿，光泽度极高（图 4–2–86）。

图 4–2–84　未来 4 号

图 4–2–85　未来 6 号

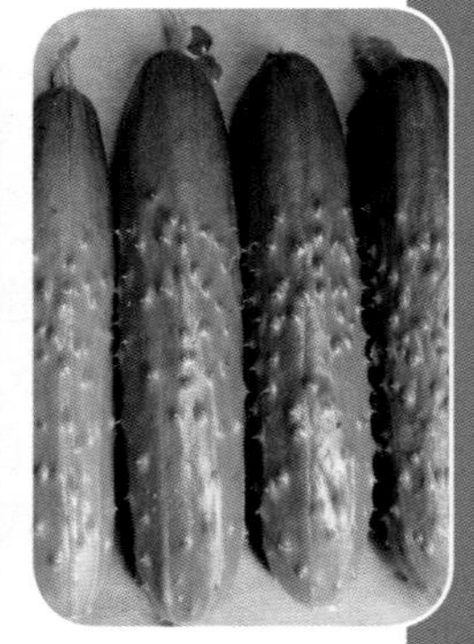

图 4–86　未来 8 号

4. 未来 9 号

适于保护地栽培，长势强壮，强雌性，熟性早，成瓜速度快，

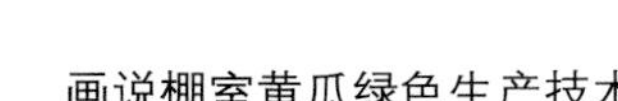

产量高。瓜长16厘米左右，刺瘤大，色泽翠绿，光泽度高，口感佳（图4-2-87）。

5. 鲜丹1号

雌性强、易坐瓜、成瓜极快，瓜长13厘米左右，形短棒状，瓜色翠绿，口感佳，是耐低温、抗病、高产量、高品位、高效益的五星级旱黄瓜品种（图4-2-88）。

图4-2-87 未来9号

图4-2-88 鲜丹1号

6. 鲜丹11号

强雌性，耐低温弱光，耐高温高湿，株型稳健，长势强，成瓜速度快，产量高。瓜长18厘米左右、刺瘤适中，条形俊美，色泽翠绿光亮，口感佳，适于保护地栽培（图4-2-89）。

图4-2-89 鲜丹11号

7. 甘丰春玉

植株生长势强，早熟丰产。主蔓第1雌花一般出现在第2~3节，雌花节率高，一般每3节有两个瓜码。瓜条长 15 厘米左右，单瓜重 120g，外皮嫩黄白色，白刺较稀，中瘤，果形美观，瓜条整齐一致。亩产量 5 000 千克以上，较常规白黄瓜品种增产 30%~50%。中抗霜霉病和枯萎病，适合西北地区越冬茬、早春茬保护地栽培（图 4-2-90）。

图 4-2-90　甘丰春玉

图 4-2-91　甘丰袖玉

8. 甘丰袖玉

生长势强，早熟丰产。雌花节率高，一般每 2 节有 1 个瓜码。瓜条长 15 厘米左右，单瓜重 140 克，嫩白色，白刺较密，中瘤，果形美观，瓜条整齐一致。亩产量 5 000 千克以上，中抗枯萎病，耐霜霉病、白粉病，适合日光温室及春大棚栽培（图 4-2-91）。

图 4-2-92　奶油黄瓜

9. 奶油黄瓜

荷兰引进奶油白色水果黄瓜品种，果肉脆甜爽口，果色乳白油亮，品质好，果实长 16~18 厘米，植株生长旺盛，抗病高产，适合越冬、早春栽培，亩定植 3 200 棵左右（图 4-2-92）。

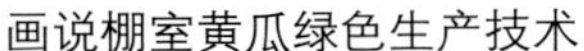

10. 新绿 2 号

胶东旱黄瓜，该品种属强雌性，节节有瓜，一节多瓜，长势健壮，叶色深绿，茎蔓节间短，不易徒长，连续坐瓜能力强，增产潜力大，瓜条草绿色，果肉淡绿，口感脆甜，条长 18 厘米，采收期长，不易早衰，耐运输，抗病力强，耐低温弱光，是露地及保护地栽培的首选品种。该品种节间短，不易徒长，保护地栽培一季可减少落蔓 2~3 次（图 4–2–93）。

11. 春秋绿翠

植株长势强，主蔓结瓜为主，侧蔓可辅助结瓜。第一雌花着生于第 3~4 节，属早熟品种。瓜条短棒型，商品瓜长 12~14 厘米，径粗 4~6 厘米，2~4 心室。瓜绿色，稀瘤白刺，皮薄味浓，肉质脆嫩，清香可口。抗霜霉病，白粉病及疫病。适合春秋中小拱棚及早春露地种植，苗定植 3 000~3 500 株（图 4–2–94）。

12. 春秋白脆

早熟性好，第 3~4 节现雌花，坐果率高。主蔓结瓜为主，侧蔓可辅助结瓜。果实长棒形，果皮嫩绿偏白，果肉浅绿，稀刺。瓜长 18~22 厘米，横径 3.5~4 厘米，单瓜重 130~170 克。果形完美，口感清香甜脆，果皮耐老化，可贮运，不易空心，易栽培。抗霜霉病、白粉病及疫病。适合春秋中小拱棚及早春露地种植，苗定植 3 000~3 500 株（图 4–2–95）。

图 4–2–93　新绿 2 号

图 4–2–94　春秋绿翠

图 4–2–95　春秋白脆

13. 奇山翡翠

烟台地方品种，从出苗到采收50~55天，植株全雌性，1节多瓜，长势强，节间短，分枝多，抗逆性强，高抗霜霉病、白粉病、枯萎病，抗细菌性角斑病、病毒病。果实表现深绿色，光滑无刺，瓜长13~15厘米，直径2.5~3厘米，单瓜重50~70克，肉厚、腔小，商品性好，产量高，是理想的水果型黄瓜，亩产3 000~4 000千克（图4-2-96）。

图 4-2-96　奇山翡翠

14. 海阳白玉

俗称白黄瓜，又名“梨园白”。植株生长势强，耐热、抗病，叶色浅绿，以主蔓结瓜为主，第1雌花着生在第4节前后。瓜条圆筒形，粗细均匀，长18厘米左右，单瓜重200g左右，瓜色浅白绿色，有光泽，无棱沟，刺瘤少，果肉白色，质脆，口味佳（图4-2-97）。

图 4-2-97　海阳白玉

15. 玛莎 702

植株长势旺，节间短，每节可坐多个瓜，长度在10厘米左右。结瓜整齐，外形美观，浓绿，有光泽，有刺，产量高。抗白粉病、霜霉病、角斑病等，抗病能力强。适合鲜食和加工，春秋保护地栽培（图4-2-98）。

图 4-2-98　玛莎 702

三、无刺黄瓜

1. 无刺霸王

荷兰品种，瓜长 15~18 厘米，耐热、耐寒、高抗病毒、果实暗绿色、光滑无刺，高度整齐，抗死棵，不封头，产量极高，亩产高达 20 000 千克以上，是春季、越夏及冬季的最理想的品种（图 4–2–99）。

2. 欧宝 99

荷兰水果黄瓜，耐低温弱光，长势强，不早衰，抗各种病害，雌性合理，商品率高，产量超群，瓜长 16 厘米左右，果面光滑，色泽嫩绿，口感佳，是同类型黄瓜的顶级产品。适用于秋延、越冬、早春栽培（图 4–2–100）。

3. 欧玉

荷兰型水果黄瓜，耐高温高湿，耐低温弱光，长势强，不早衰，抗各种病害，雌性合理，商品率高，产量超群，瓜长 7 厘米左右，果面光滑，色泽玉白，口感极佳，是同类型黄瓜的顶级产品。适用于全年保护地栽培（图 4–2–101）。

图 4–2–99　无刺霸王

图 4–2–100　欧宝 99

图 4–2–101　欧玉

4. 欧珍

荷兰型水果黄瓜，耐低温弱光，耐高温高湿，长势强，不早衰，抗各种病害，雌性合理，产量超群，商品率高，瓜长 7 厘米左右，果面光滑，色泽翠绿，口感佳，是同类型黄瓜的顶级产品。适用于全年保护地栽培（图 4–2–102）。

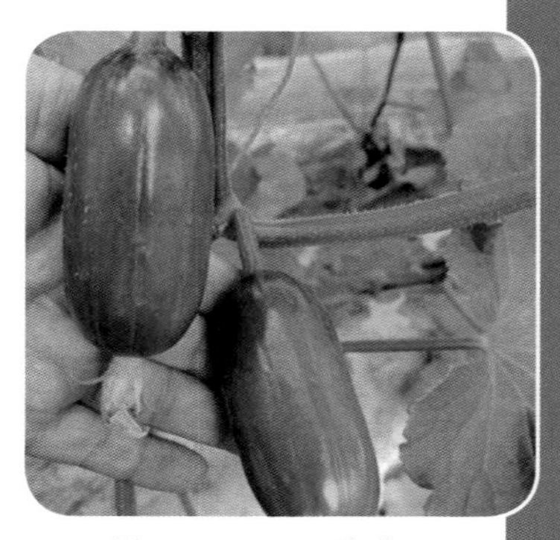

图 4–2–102　欧珍

5. 金童

图 4–2–103　金童

迷你水果型黄瓜，光滑无刺有光泽瓜色亮绿，脆甜、清爽。强雌性，极早熟，瓜膨大速度快，连续坐瓜能力强，每节 1~2 瓜，瓜长 4~5 厘米，无把。平均单瓜重 30 克，节间长度 8~10 厘米。较耐低温、弱光，适合保护地秋冬或冬春栽培（图 4–2–103）。

6. 玉女

图 4–2–104　玉女

迷你水果型黄瓜，光滑无刺有光泽，瓜色淡白，脆甜、清爽。强雌性，极早熟，瓜膨大速度快，连续坐瓜能力强，每节 1~2 瓜，瓜长 4~5 厘米，无把。平均单瓜重 30g，节间长度 8~10 厘米。较耐低温、弱光，适合保护地秋冬或冬春栽培（图 4–2–104）。

7. 萨瑞格

以色列品种，植株生长中等，易于采摘和修剪。早熟，坐果习性好，果期集中，采收期长达 4 个月左右，产量很高。果实表面轻度波纹，暗绿色，中等坚实，果长约 15 厘米，圆柱形，轻

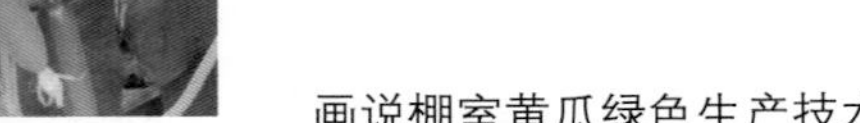

微颈状内缩，果形整齐。果肉无籽，质地脆嫩，口感极佳。抗白粉病，适宜春、夏及早秋保护地栽培（图 4–2–105）。

8. 京研迷你 4 号

冬季温室专用品种。耐低温、弱光能力强，全雌性，生长势强，抗病性强，瓜长 12~14 厘米，无刺，亮绿有光泽，产量高，品质好。生产中注意防治蚜虫与白粉虱，以免感染病毒病。适宜长江以北地区种植（图 4–2–106）。

图 4–2–105　萨瑞格

图 4–2–106　京研迷你 4 号

9. 京研迷你 5 号

全雌，适于冬春温室和春、秋大棚栽培，持续生长和结果能力较强，耐低温、弱光，亦较耐热，抗霜霉、白粉病，耐枯萎病，瓜长 15 厘米左右，果面光滑、亮绿，品质好，产量高（图 4–2–107）。

图 4–2–107　京研迷你 5 号

10. 绿精灵 5 号

水果型黄瓜，生长势强，强雌性，主侧蔓均可结瓜，瓜长

14~16 厘米，瓜色深绿，抗病性强，适合春秋大棚及冬暖式温室栽培（图 4-2-108）。

11. 荷兰迷你

欧美型全雌性无刺水果黄瓜品种，节性强，每节可坐瓜，植株生长旺盛，早熟，产量较高，果期较集中，较耐低温弱光。商品瓜果长 12~15 厘米，果实圆柱形，果色中绿，表面光滑，无瘤，无刺，易清洗，品质好。在极端不利的条件下，如干旱、高温、生长不良、商品性下降。本品种适合春秋保护地栽培。亩种植 2 500~2 800 株（图 4-2-109）。

图 4-2-108　绿精灵 5 号

图 4-2-109　荷兰迷你

12. 冬之光

株型紧凑，节间短。果实绿色，瓜条长 16~18 厘米，横径 3 厘米，无刺，单瓜重约 100 克。对黄瓜花叶病毒病、白粉病和疮痂病具有较强抗性，中抗黄瓜霜霉病。春夏季育苗 25 天，秋冬季 35 天。起垄定植，一垄双行，行距 60 厘米，株距 40 厘米，每亩 2 700 株。适宜在早春、早秋、秋冬日光温室等保护地种植（图 4-2-110）。

图 4-2-110　冬之光

13. 乾德 1217

上海乾德种业有限公司选育，水果型黄瓜，植株生长旺盛，节间短。节节有瓜，每节 1~2 个，果长 13~17 厘米，圆柱形，瓜柄长，果实亮绿色，光滑无刺，商品性好，产量极高，耐储运，口感极佳。高抗白粉病，中抗霜霉病，抗枯萎病，比较耐低温、耐弱光，但耐热性较差。适合早春、秋延、越冬栽培（图 4–2–111）。

14. 乾德 1517

水果型黄瓜，植株生长势强，瓜条长 16 厘米左右，瓜色亮绿，果面光滑无刺，耐皴能力强，抗霜霉病、白粉病，适合春、夏、秋栽培（图 4–2–112）。

15. 戴尔

荷兰吉尔斯特种子集团经高端农业科技培育中心培育出的杂交一代品种，植株生长紧凑，长势强，主蔓结瓜，连续坐果能力极强，单果长 16 厘米左右，果实圆柱形，颜色翠绿，无刺无棱，富有光泽，口味甘甜。耐寒、耐热，抗逆性强，产量极高，高抗白粉病、霜霉病、病毒病等病虫害，无死棵现象（图 4–2–113）。

图 4–2–111　乾德 1217

图 4–2–112　乾德 1517

图 4–2–113　戴尔

第五章　棚室黄瓜栽培管理技术

第一节　育苗技术

一、黄瓜育苗的好处

在人为创造的适宜环境条件下实现的黄瓜育苗，可以改变黄瓜生长的早期环境，对黄瓜的幼苗期和整个生长发育过程都会产生较大的影响。

（1）黄瓜育苗缩短了在定植田中的生育期，提高土地利用率，从而增加单位面积产量。

（2）黄瓜育苗提早成熟，增加黄瓜早期产量，进而提高经济效益。

（3）节约黄瓜种子，提高黄瓜的成苗率，节约生产成本。

（4）适宜的环境条件下育苗，有利于防除病虫害， 减少自然灾害对黄瓜早期的影响，提高秧苗质量。

（5）有利于黄瓜茬口的安排与衔接，有利于周年集约化、规模化栽培的实现。

（6）黄瓜秧苗早期体积小，便于运输，可选择资源条件好、秧苗成本低的地区进行异地育苗。

（7）高度集中的黄瓜商品苗生产，可以带动蔬菜产业和相关产业的发展。

（8）商品苗的生产，可以减轻瓜农生产秧苗的负担和技术压力，促进黄瓜商品性生产的快速发展。

二、黄瓜种子处理

黄瓜种子带菌传病的约占 34.6%，主要有炭疽病、黑星病、黑斑病、细菌性角斑病等，所以在播种前应进行种子消毒。

图 5-1-1 黄瓜新、陈种子

（1）晒种。选择新种子，播种前，将种子在阳光下晒 3~5 小时后精选，有利于种子吸水，提高种子的发芽率（图 5-1-1）。

（2）温汤浸种。将黄瓜种子放入 50~55℃的温水中，不断搅拌，并不断添加热水，保持 50~55℃的水温 10 分钟。温度降到室温再浸种 4~6 小时，淘洗干净后进行催芽（图 5-1-2）。

图 5-1-2 温汤、药剂浸种

（3）药剂消毒。用 1% 高锰酸钾溶液浸种 10~15 分钟，可减轻病毒危害。

用 100 倍液福尔马林浸种 15~20 分钟可杀死种子表面附着的黄瓜枯萎病菌。

用 50% 多菌灵 500 倍液浸种 20~30 分钟可预防霜霉病发生。

用 72.2% 普力克水剂或 25% 甲霜灵可湿性粉剂 600~800 倍液，浸种 15~20 分钟，可防治黄瓜苗期真菌性病害。

用 10%磷酸三钠溶液浸种 20 分钟，防止种子带病毒而引发病毒病。

用 100 万单位农用链霉素 500~600 倍稀释液浸种 2 小时可以防治细菌性病害。

50% 福美双可湿性粉剂 500 倍液浸种 20 分钟可防治炭疽病、茎枯病。

各种药剂处理后，须清水冲洗干净后再催芽，以免发生药害。

（4）催芽。将浸泡过的黄瓜种子捞出冲洗干净，晾干表皮水分后，用清洁湿布包好，置 28~30℃下催芽，经 16~20 小时露白后即可播种（图 5–1–3）。

（5）播种。棚室黄瓜育苗，盖土时间的早晚、土粒的粗细和盖土的厚薄，都会影响出全苗和培育壮苗。浇水播种后，要等水下渗后再盖土。盖土以团粒结构好、有机质丰富、疏松透气不易板结的土壤为宜。盖土厚度一般 0.5~1 厘米，不能超过 1.5 厘米。如果覆土太薄，容易出现种子戴帽出土，严重影响发芽质量；如果覆土太厚，延长发芽时间，降低苗的质量（图 5–1–4）。

图 5–1–3　工厂化催芽室

三、营养土配置

1. 黄瓜育苗优良床土具有的特点

（1）高度的持水性和良好的通透性：优良床土必须是浇水后不板结，干燥时表面不裂纹，保水保肥能力强，制成土坨后不易散坨，所以，床土总的孔隙度不低于 60%，其中大空隙度为 15% ~20%，小空隙度为 35% ~40%，土壤容重为 600~ 1 000 千克 / 立方米。

图 5–1–4　自动化播种机

（2）富含矿质营养和有机质：床土营养丰富、全面。一般要轻有机质含量高于 1.5% ~3.0%，全氮含量 0.8% ~1.2%，速效氮含量 100~150 毫克 / 千克，速效磷不低于 200 毫克 / 千克，速效钾含量不低于 100 毫克 / 千克。

（3）良好的化学性：适宜的 pH 值为 6~7，过酸、过碱都会阻碍秧苗的生长发育。有机物质充分腐熟，不应含有影响秧苗生长以及根系发育的有毒害的化学物质。

（4）良好的生物性：富含有益的微生物，不带病原菌和害虫等有害物质。

黄瓜育苗床土要具备营养成分全，透气性能好，保水能力强的特点。

2. 黄瓜育苗土配制不合理容易出现的问题

（1）有机质含量过高，没有充分进行腐熟，发酵过程中产生大量热量，造成烧根、烧苗、坏死，影响苗全苗齐。

（2）土壤黏性过大，容易造成秧苗土壤板结、表面裂缝，土温低，秧苗生长不良、老化。

（3）取用了重茬的土壤，容易含带同类病菌、害虫等造成秧苗的非正常死亡。

（4）肥料与土壤混合不均匀，使得肥料相对集中，容易造成烧苗。

3. 棚室黄瓜育苗土配置方法

棚室黄瓜育苗好坏是生产成功与失败的关键。育苗土配制是否科学合理又是育好苗的主要条件。

（1）床土配制时间。最好在育苗前 20~30 天配制好育苗土，并将配制好的育苗土堆放在棚内，使一些有害物质发酵分解。

（2）床土准备。一般每株黄瓜苗需准备育苗土 400~500 克，每立方米育苗土可育苗 2 500 株左右。每亩大棚黄瓜需育苗 3 300~3 500 株，共需育苗土 1.5~2 立方米。

（3）准备田土。一般从最近 3~4 年内未种过瓜类的园地或大田中挖取，土要细，并筛去土内的石块、草根以及杂草等。

（4）准备有机质。有机质的主要作用是使育苗土质地保持疏松、透气。通常选用质地疏松并且经过充分腐熟的有机肥，适宜的有机肥为马粪、羊粪等，也可以用树林中的地表草土、食用菌栽培废物等。鸡粪质地较黏，疏松作用差，也容易招引腐生线虫、地蛆等地下害虫，不宜用来配制营养土。有机肥要充分与土混拌。

（5）准备化肥、农药。按照每立方米育苗土使用氮磷钾复合

肥 1 000~2 000 克、多菌灵 200 克、锌硫磷 200 毫升的比例准备化肥和农药。或加入硫酸铵和磷酸二氢钾各 1 000~15 000 克。但不能用尿素、碳酸氢铵和磷酸二铵来代替，也不宜用质量低劣的复合肥育苗。这些化肥都有较强的抑制菜苗根系生长和烧根的作用。

（6）床土配制方法。将田土与有机质按体积比 4:6 进行混合。混合时，将化肥和农药混拌于土中，辛硫磷为乳剂，应少量加水，配成高浓度的药液，用喷雾器喷拌到育苗土中。

（7）堆放。配好的育苗土不要马上用来育苗，应培成堆，用塑料薄膜捂盖严实，堆放 7~10 天后再开始育苗。

四、黄瓜嫁接

1. 靠接法

（1）嫁接步骤。应先播种黄瓜，3 天后播种黑籽南瓜。适宜的嫁接用苗标准为：黄瓜的第 1 片真叶充分展开，苗茎高度 5 厘米左右；黑籽南瓜苗的两片子叶初展，第 1 片真叶未露尖或露小尖，苗茎高 5 厘米左右。嫁接时，首先将南瓜苗剔除顶芽（图 5–1–5），然后苗茎窄的一面，距离子叶节 0.5 厘米远处向下斜切（图 5–1–6），形成切口，放在左手（图 5–1–7）。

图 5–1–5　砧木剔除顶芽

图 5–1–6　砧木向下斜切

在黄瓜苗子叶正下方、距离子叶节 1.5 厘米左右处向上斜切口；切口深达苗茎粗的 2/3 以上，长 0.8~1 厘米（图 5–1–8）。

要随切口随嫁接，嫁接好的苗用塑料夹固定住接口（图 5–1–9，图 5–1–10）。

图 5–1–7　砧木切口

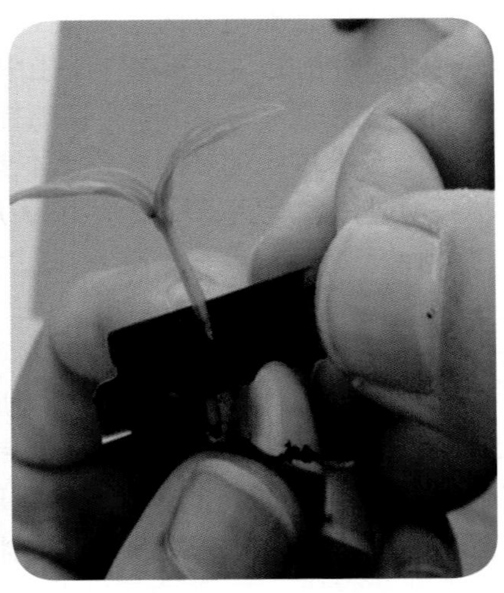

图 5–1–8　接穗向上斜切

图 5–1–9　接穗与砧木对挂

图 5–1–10　嫁接夹固定

嫁接好的苗立即进行定植。

（2）嫁接苗温度管理。适于黄瓜接口愈合的温度为 25℃。如果温度过低，接口愈合慢，影响成活率；如果温度过高，则易导致嫁接苗失水萎蔫。因此嫁接后一定要控制好秧苗温度。一般嫁接后 3~5 天内的温度为白天 24~26 ℃，不超过 27 ℃；夜间 18~20 ℃，不低于 15 ℃。3~5 天以后开始通风降温，白天可降至 22~24℃，夜间可降至 12~15℃。

（3）嫁接苗湿度管理。嫁接苗床的空气湿度较低，接穗易失水萎蔫，会严重影响嫁接苗的成活率。因此，嫁接后 3~5 天内，苗床的湿度应控制在 85%~95%。

（4）嫁接苗光照管理。遮阳的目的是防止高温和保持苗床的湿度。遮阳的方法是在小拱棚的外面覆盖稀疏的草帘，避免阳光直接照射秧苗而引起秧苗凋萎，夜间还起保温作用。一般嫁接后 2~3 天内，可在早晚揭掉草帘接受散射光，以后要逐渐增加光照时间，1 周后不再遮光（图 5–1–11）。

图 5–1–11　定植

（5）嫁接苗通风管理。嫁接 3~5 天后，嫁接苗开始生长时，可开始通风。初通风时通风量要小，以后逐渐增大通风量，通风的时间也随之逐渐延长，一般 9~10 天后可进行大通风。若发现秧苗萎蔫，应及时遮阳喷水，停止通风，避免通风过急或时间过长造成损失。

（6）断根。嫁接苗成活后，及时将黄瓜的根剪断（图 5–1–12）。

图 5–1–12　成活

2. 插接法

（1）播种。插接法嫁接育苗，需先播种砧木种子，并把种子播种于营养钵内以利嫁接时移动苗体，便于操作。嫁接应先播种南瓜，2~3 天后再播种黄瓜。

营养钵可选用(10厘米 ×10厘米)~(8厘米 ×10厘米)的塑料钵，或6厘米 ×6厘米的育苗盘。营养钵装入营养土后，排列入苗床中，后浇水播种。浇水时把水直接浇灌在床底农膜上，利用营养土的毛细管作用让营养钵内的土壤从底部排水孔中吸水，利于幼苗健壮。

营养土吸水后，表面显湿润时即可播放南瓜种子，每钵平放发芽的南瓜种子 1 枚，种子上面覆土 2 厘米厚。

黄瓜种子播种须在砧木苗开始出土时进行，种子发芽后均匀撒播于苗床上（苗床同前），种子间距 2~3 厘米，播后覆土 2 厘米并加盖地膜保墒，少量种子出土时于清晨撤去地膜。

（2）苗床管理。南瓜种子出土后，夜温维持在 15~18℃，以防徒长，待幼苗子叶开展，心叶显露如麦粒大小时嫁接。幼苗出齐后和嫁接的前 1 天，应分别对两个苗床细致喷洒杀菌剂，进行杀菌消毒，防止幼苗感染病菌，引起病害发生。

（3）嫁接。南瓜苗的第 1 片真叶长至硬币大小，苗茎高 5 厘米左右；黄瓜苗的 2 片子叶展开，第 1 片真叶露小尖，苗茎粗壮，高度 3~5 厘米进行嫁接。插接时，从黄瓜苗的子叶 1 侧，距子叶节 0.5~1 厘米远，向下斜削（图 5–1–13），将苗茎削成双斜面，呈楔形，斜面长 0.8~1 厘米（图 5–1–14）。

图 5–1–13　削接穗

图 5–1–14　呈楔形

用竹签剔除黑籽南瓜顶芽，并向下斜插孔，插孔长 0.8~1 厘米，深度以刚刺破对侧表皮为宜（图 5-1-15，图 5-1-16）。取下竹签，插入黄瓜苗穗。嫁接工具为特制的竹签与刀片，竹签长 6 厘米左右，签柄粗度及横截面形状与西瓜幼苗下胚轴同，竹签先端呈双面楔形利刃，刃口锋利光滑。

图 5-1-15　砧木剔除顶芽

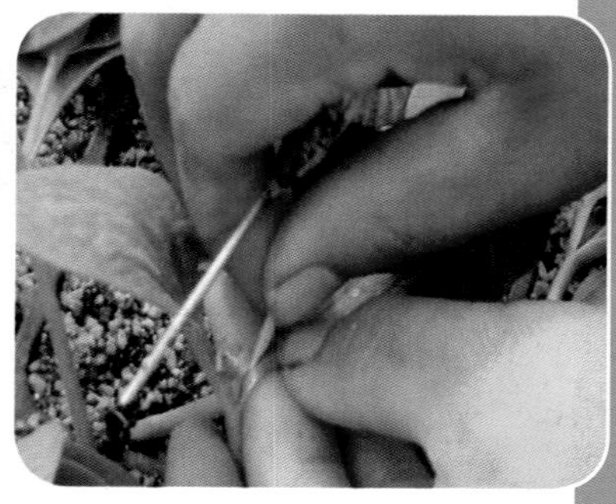
图 5-1-16　接穗插入砧木

生产中工厂化育苗有采用“//”平行插接法，也有 2 子叶垂直，为“十”字形插接法。

采用“//”平行插接法如（图 5-1-17，图 5-1-18）；

两子叶垂直，“十”字形插接法如（图 5-1-19，图 5-1-20）。

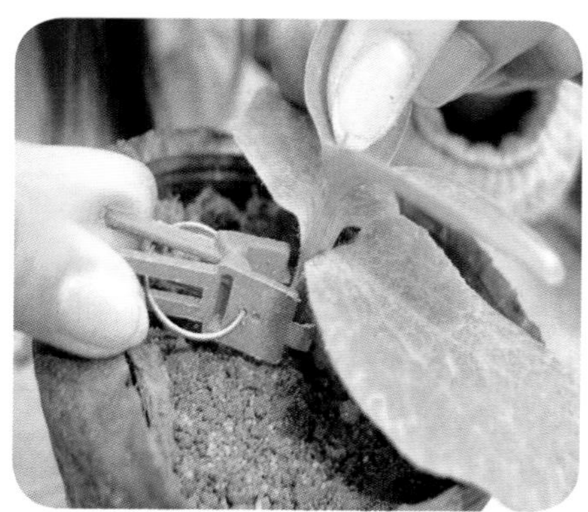
图 5-1-17　“//”法插接

图 5-1-18　“//”插接成活

图 5-1-19 “十”法插接

图 5-1-20 “十”插接成活

（4）注意事项。

①选用苗茎粗细相协调的黄瓜苗和南瓜苗进行配对嫁接。黄瓜苗茎应比南瓜苗茎稍细一些，以不超过南瓜苗茎粗的 1/2~3/4 为宜。

②加强黄瓜苗穗的保湿，插接的操作顺序要正确，先插孔后削切黄瓜苗；嫁接操作要连贯，各操作环节应一气呵成，如果黄瓜苗穗削好后不能立即进行嫁接，要用消过毒的湿布盖住或把苗茎切面含在口内保温；嫁接苗要随嫁接好随放入苗床内用小拱棚扣盖保湿，尽量缩短嫁接苗在苗床外的停留时间。

③黄瓜苗茎的插接质量要高。一是要把苗茎的切面全部插入南瓜苗茎的插孔内，不要露在外面；二是黄瓜苗茎要插到南瓜苗茎插孔的底部，避免留下空隙。

3. 双双断根嫁接

（1）接穗黄瓜种子，不宜播得太早，等砧木子叶展开刚刚露出心叶时，开始播种。播前用同样方法处理种子，播种采用长方盘垫无纺布播种，密度要大，使其徒长，便于插接。

（2）南瓜砧木第 1 片真叶展开时，同时黄瓜接穗子叶展开，便可嫁接。嫁接前 1 天应先将南瓜砧木生长点去除，并用多菌灵消毒处理，第 2 天嫁接使用。

（3）嫁接前砧木在子叶下留 5~6 厘米长的胚轴剪断，接穗在子叶下留 2~3 厘米长的胚轴剪断。将接穗用刀片沿子叶张开方向把胚轴表皮薄薄地削下，留出 4~5 毫米，从先端按 45° 切下。嫁接时用竹签将砧木的顶芽和侧芽刮去，并在与砧木子叶张开方向呈“十”字形的位置上，从中心稍微向外的地方沿 45° 插入，直到接近对面胚轴表皮为止，戳出一个插接孔。然后将削好的接穗沿插入竹签的方向插入。竹签开孔的位置应避开砧木胚轴中心的空洞部位，使砧木与接穗紧密吻合（图 5–1–21）。

图 5–1–21　砧木和接穗断根处理

嫁接完毕的幼苗可暂时放入湿润的纸箱内，以备插栽。嫁接好的苗应随即放入苗床内，覆盖小棚保湿、保温。嫁接后头 3 天要将苗床进行遮光，并保持高湿和 25~30℃的温度条件，3 天后开始放风降湿，并逐日增加直射光照（图 5–1–22）。

（4）7 天后降低温度，白天 25℃左右，夜间 12~15℃。嫁接苗应在嫁接后的第 7~9 天，当嫁接苗完全成活后，选阴天或晴天下午从接口下切断黄瓜根茎。

黄瓜嫁接苗的苗龄不宜过长，以嫁接苗充分成活，第 3 片真叶完全展开后定植为宜。

图 5–1–22　嫁接夹固定嫁接苗

4. 黄瓜劈接法

（1）黑籽南瓜比黄瓜早播种 1 周左右。

（2）黄瓜长出第 1 片真叶，南瓜从第 1 片真叶长到 5 毫米大小开始至心叶长出以前均为嫁接适期。

图 5–1–23　接穗插入

（3）嫁接时先去除砧木的生长点和腋芽，留下顶点以下部分，使其呈平台状，然后自上而下按 45° 角倾斜切开长约 1 厘米的刀口。切掉黄瓜根部，以约 30° 角双面斜削成约 8 毫米长的楔状。用左手食指和拇指、轻捏砧木子叶节部位，右手食指和拇指拿处理好的接穗插入切口内（图 5–1–23），使砧木和接穗的楔状组织紧密接合，子叶呈平行方向。

立即用嫁接夹固定，并置入事先准备好的小拱棚内（图 5–1–24）。黄瓜侧劈接嫁接法对砧木和接穗的苗龄要求不严，成活率高，嫁接速度快，省去了接穗断根的麻烦，其最大优点还在于接口高，便于田间定植管理。

图 5–1–24　嫁接夹固定

（4）嫁接 3 天内是形成愈伤组织和交错结合的关键时期，要创造最适宜的床温和光温，白天床温 25 ℃左右，小拱棚内温度保持在 25~28℃，夜间床温在 15~20℃；嫁接后 3~4 天开始通风，床温可降至 20℃左右，棚内白天温度 28℃左右，夜间 15~20℃。

（5）定植前 7 天，床温可降至 15℃左右，必要时采用双层薄膜覆盖或电热温床，以便控制温度的升降。嫁接后前 3 天要用草帘、纸被、黑色薄膜等遮阳，防止棚内温度过高造成接穗失水过多而萎蔫；3 天后早晚适当给散射光，逐日增大光照量炼苗；10 天以后视情况全部撤除遮阳物，炼苗期间如遇叶面萎蔫时立即

回阴补充水分，以便使叶片恢复正常。个别嫁接时生长点和腋芽去得不彻底，要及时去掉，保证足够的养分、水分供应，以提高嫁接苗的成活率。

5. 黄瓜贴接法

（1）南瓜要比黄瓜晚播 4~ 5 天，黄瓜苗尽量稀植，使茎秆粗壮。

（2）当砧木长出第 1 片真叶，接穗子叶展开时为嫁接最适时期。

（3）嫁接时，用刀片削去砧木 1 片子叶和生长点，椭圆形切口长 5~8 毫米（图 5–1–25）。接穗在子叶下 8~10 毫米处向下斜切 1 刀，切口为斜面，切口大小应和砧木斜面一致，然后将接穗的斜面紧贴在砧木的切口上，并用嫁接夹固定。

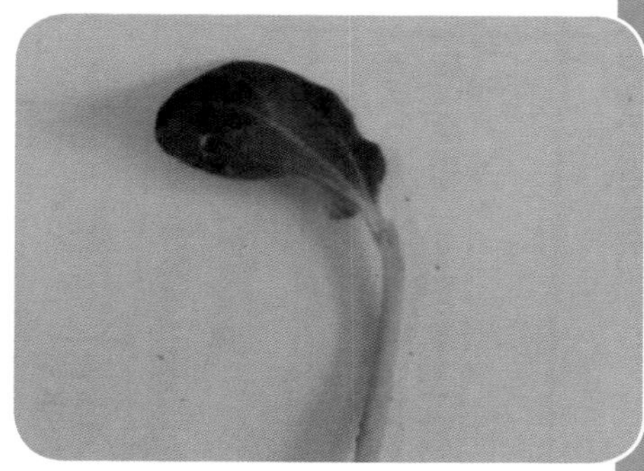

图 5–1–25　砧木处理

用刀片在砧木中部切成 45° 角，将南瓜心叶及其中的一片子叶一同摘去，将接穗也切成 45° ，留上部叶片部分，弃去根部，然后选粗细一致的砧木与接穗进行嫁接（图 5–1–26）。

图 5–1–26　砧木与接穗切口贴近

（4）嫁接后 3 天内，使苗床内的湿度保持在 90% 以上。3 天后，可适当放风，降低小拱棚内的空气湿度，避免因小拱棚内空气湿度长时间偏高，造成伤口腐烂和引起其他病害。以后逐渐延长苗床的通风时间，并逐渐加大通风口，增加通风量。放风口

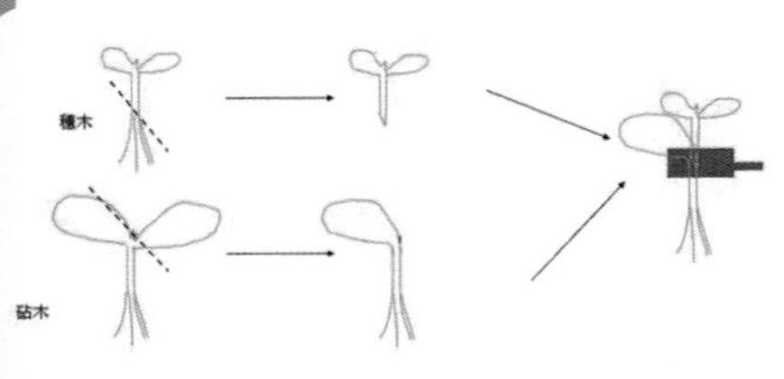

图 5–1–27　黄瓜贴接示意图

的大小和通风时间的长短，以黄瓜苗不发生萎蔫为度。嫁接苗成活后，已转入正常生长，可撤掉小拱棚。如发现中午前后瓜苗发生严重萎蔫时，可用草苫遮阳。以后要逐渐加大通风，降低棚内湿度，地面上见干见湿。空气湿度保持在 70% 左右，以利于培育壮苗。图 5–1–27 为黄瓜贴接示意图。

五、工厂化育苗

1. 准备阶段

（1）基质准备。草炭，蛭石，珍珠岩。

夏季配比：草炭∶蛭石∶珍珠岩 = 6∶2∶2

图 5–1–28　基质按比例调配

冬季配比：草炭∶蛭石∶珍珠岩 = 6∶1∶3

进口草炭不需添加任何肥料，只需按比例混合均匀后喷水至其含水量达到 60% 即可。

国产草炭随水喷洒 1 000 倍多菌灵，使其含水量达到 60% 用薄膜覆盖 3~4 天后使用（图 5–1–28）。

图 5–1–29　50 孔穴盘育苗

（2）穴盘选择与苗龄期。

冬季：使用 50 孔穴盘，苗龄期一般 50 天左右（图 5–1–29）。

夏季：使用 72 孔穴盘，苗龄期一般 30 天左右（图 5–1–30）。

新穴盘可以直接使用；旧穴盘清洗干净后用 0.1%~0.5% 高锰酸钾浸泡后晾干使用。

（3）肥料。进口水溶性肥料，如 20–10–20，17–5–17，14–0–14，磷酸二氢钾等。

（4）农药。杀虫剂：10% 吡虫啉，1.8% 阿维菌素等。

杀菌剂：75% 百菌清，72.2% 普力克，甲托，61.1% 可杀得，70% 代森锰锌，扑海因，甲霜灵，速克灵等。

图 5–1–30　72 孔穴盘育苗

（5）pH 值。5.5~6.5。

2. 播种　（进发芽室）

（1）填基质。把准备好的基质装入穴盘，稍加镇压，也不可过用力，使基质充满穴孔而富有弹性。

（2）打孔。用打孔器打孔，孔要打在穴的中心。孔深：1.0~1.2 厘米。

（3）播种。把种子放在穴中心的孔中，每穴 1 粒，种子平放（图 5–1–31）。

（4）覆盖，浇水。用珍珠岩或蛭石覆盖，覆盖面与穴盘表面相平为宜。第 1 次浇水要浇透。

（5）进发芽室。一般温度控制在 27~30℃，湿度在 90% 以上。

图 5–1–31　播种

3. 出发芽室　（移苗）

（1）出发芽室。胚根 5~8 毫米，胚轴弯曲顶土时可以出发芽室。

（2）温湿度管理。温度：白天 28℃，晚上 20℃；湿度达到 80%，基质表面干燥时适当喷清水，增加湿度以利出苗整齐。中午阳光强烈时，拉开遮阳网遮阳。喷水时要掌握以下原则。

①阴雨天日照不足且湿度高时不宜浇水。

②浇水以正午前为主，下午 3 时后不要浇水，以免夜间潮湿

图 5-1-32　喷水

引起幼苗徒长，使幼苗叶缘于隔日清晨产生溢泌现象。

③是穴盘边缘苗株易失水，必要时进行人工补水（图 5-1-32）。

（3）移苗。子叶展平时即可移苗，移苗前可先浇一遍清水。移苗时，大小苗分别移入不同的穴盘，双株分开，空穴补苗。移苗时手轻捏种苗子叶。

4. 定植前 3~4 天管理

（1）温湿度控制。随着种苗的生长，温度逐渐降低。白天由 28℃逐渐降至 25℃，晚上由 20℃逐渐降至 15℃。降低湿度，有效的降低病害的发生。

光照：在温度适宜的情况下，给予种苗充足的光照。只有当温度过高时，才在中午适当遮阳降温（图 5-1-33）。

图 5-1-33　遮阳网覆盖育苗

（2）肥料使用。移苗后第 2 天开始浇肥，浇肥安排在晴朗的上午。 每次浇肥间隔 2~3 天，期间会发生苗盘四周苗子缺水，及时补充清水。当大面积萎蔫时第 2 天需浇肥。

（3）高度控制。在种苗生长的中后期可以通过控制水分，降低温度来控制种苗的高度，增加茎秆的粗度；也可以叶面喷施 1 000 倍磷酸二氢钾稀释液 2~3 次。当植株生长过旺，通过自然调节无法控制高度时就需要进行化学控制。一般在浇肥的第 2 天上午 10 时前进行，第 1 真叶有 2.5 厘米时喷第一遍多效唑，7 天后再喷 1 次。

5. 注意事项

出发芽室的时间宜早不宜迟；每次浇水（肥）前先放水管内热水，特别是夏天；中午补水时尽量不要洒到叶面上；使用新品种农药时应先做小范围试验；浇肥前若基质太干，可先浇一遍清水；浇肥后用清水快速冲洗一遍叶面；肥料、农药的称量，配比要准确；喷雾以叶面有一层均匀水雾为宜，不可成滴流下。

六、育苗注意事项

1. 冬春季育苗

（1）防止烂种。种子发芽的最低温度为 11~12℃，由于冬春季温度低，应选择晴朗温暖天气播种，提高苗床温度，加厚保温被等覆盖物（图 5–1–34）。

图 5–1–34　棚室覆盖保温被

（2）防止沤根。由于床土温度低、湿度大易导致沤根，叶片发黄萎蔫，秧苗停止生长。生产中注意提高苗床温度，减少浇水量，在晴朗的白天掀开覆盖物通风降低湿度。

（3）防止僵化苗。冬春季因为天气较为寒冷，苗床温度低，根系发育缓慢，秧苗易形成僵化苗。生产中注意在早期尽量提高苗床温度，促进根系发育。白天地温控制在 25~28℃，夜间保持在 15℃。

（4）防止闪苗。随着外界气温的升高，需要加大通风量。当棚内温度高于 28℃时，打开上放风口，即在棚的高处通风，利用放风口的大小和放风时间的长短来调节苗床温度，切忌棚底通风（图 5–1–35）。

图 5–1–35　顶部通风

2. 高温季节育苗

秋延后黄瓜，一般北方地区在 7 月末至 8 月初播种育苗，南方地区可延后 30~40 天播种。高温蔬菜种子发芽困难，播种前可将种子用温水浸种一段时间，可促进发芽，提高发芽率。播种应选择下午 4 时后或阴天播种，播后覆盖遮阳网，并注意加强通风，防幼苗被强光灼伤。阴雨天注意加强管理，在阴雨天里，加强通风，避免浇水和喷药，必要时应选用粉尘剂，以免增加棚内湿度，诱发病害。长时间阴天，转晴后应及时覆盖遮阳网（图 5–1–36），以防蔬菜闪苗；下雨时应关严棚顶的通风口，以防雨水进入，导致感染病害。

图 5–1–36　防强光覆盖遮阳网

图 5–1–37　大小苗分在不同穴盘

防干旱，作好苗床后，先浇足底水再播种，然后根据土壤干湿情况早晚再浇小水。防徒长，高温季节育苗极易徒长，应早晚勤用洒水壶洒水，并及时分苗移苗（图 5–1–37），扩大秧苗营养面，防节间瘦长，茎叶细弱，使秧苗粗壮，叶色浓绿，叶片增厚，促花芽分化。

第二节　日光温室冬春茬黄瓜栽培关键技术

一、品种选择

要选耐低温、耐弱光能力强，雌花密度大，连续结瓜能力强，结瓜期长，瓜形端正，瓜条匀称，着色均匀，抗病的品种。目前

生产上选用较多的是津春3号、津优33号、长春密刺、新泰密刺、碧绿、中农5号、荷兰迷你、美味白刺、津优2号、津研3号、津研4号等品种。

二、播种育苗

图 5-2-1　黄瓜种子露白

（1）种子处理。用温汤浸种法，浸种8~12小时。在30℃左右的温度下，黑籽南瓜催芽36小时左右、黄瓜催芽28小时左右，70%种子露白，开始播种（图5-2-1）。

图 5-2-2　黄瓜种子密集播种

（2）播种。采用密集播种法播种黄瓜，种子平放，间距2厘米，播深0.5~1厘米（图5-2-2）。黑籽南瓜按2~3厘米间距密集撒播或点播于育苗钵内，播深1~1.5厘米。播后覆盖地膜保湿保温。发芽期间保持温度25~30℃。种子出苗后揭掉地膜。多数种子出苗时撒盖一层湿润的土护根，并降低温度，白天25℃左右，夜间12~15℃，防止徒长。

（3）嫁接。温室冬春茬黄瓜嫁接栽培的主要目的是增强冬季植株的耐寒能力，增强生长势。生产上多采取方法简单、成活率较高的靠接法嫁接育苗和插接法。嫁接砧木多选用黑籽南瓜，另有部分其他南瓜，如南砧1号南瓜等。可以采用靠接或插接法，具体参考前述。

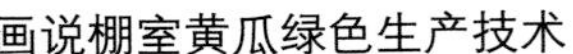

图 5-2-3　嫁接苗覆盖薄膜保湿

嫁接好的苗应随即放入苗床内，覆盖小棚保湿、保温（图5-2-3）。嫁接后头 3 天要将苗床进行遮光，并保持高湿和25~30℃的温度条件，3 天后开始放风降湿，并逐日增加直射光照。1 周后降低温度，白天 25℃左右，夜间 12~15℃。靠接苗应在嫁接后的第 7~9 天，当嫁接苗成活后，选阴天或晴天下午从接口下切断黄瓜根茎。

黄瓜嫁接苗的苗龄不宜过长，以嫁接苗充分成活，第三片真叶完全展开后定植为宜。

三、施肥整地

图 5-2-4　提前覆膜

冬春茬温室黄瓜的栽培期比较长，需肥比较多，而冬季温度低，浇水少，不便于大量施肥。因此，应施足、施好底肥。底肥主要用充分腐熟的鸡粪、饼肥、三元复合肥等。一般每亩用纯鸡粪 8~10 立方米、饼肥 100~200 千克、复合肥 50~80 千克（一半作为底肥，一半沟施），深翻地后整平。剩余的无机肥撒施在种植沟，集中施用，作畦，大行距（人行道）60~65 厘米，小行距（栽培垄）40~45 厘米。可采用提前覆盖地膜（图5-2-4），或定植后覆盖地膜两种方式。

图 5-2-5　起垄高温闷棚

瓜苗定植前 7~10 天，高温闷棚杀菌 5~7 天，然后通风 2~3 天。（图 5-2-5）。

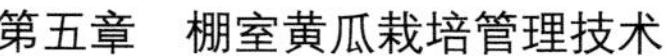

四、定植

选阴天或晴天下午定植。按25~30厘米株距，在垄背上挖穴栽苗。大小苗要分区定植，大苗栽到温室的南部，小苗栽到北部。栽苗深以平穴后嫁接部位高于地面5厘米左右为宜，注意保护嫁接部位，不要埋入土中。随栽苗随浇水，大小垄沟一起浇水，湿透垄背（图5–2–6）。

图5–2–6　定植后及时浇水

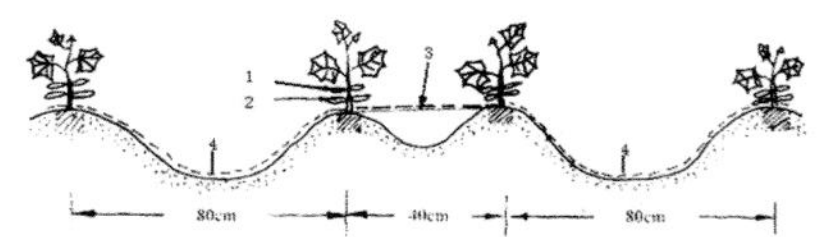

图5–2–7　黄瓜覆盖地膜示意图
1. 黄瓜子叶 2. 南瓜子叶 3. 支竿 4. 地膜

五、田间管理

（1）覆盖地膜。定植1周后覆膜。地膜幅宽140~150厘米，将垄背和垄沟全部盖住。展开地膜，在与瓜苗对应处划一道“一” 口，从口内轻轻拉出瓜苗后，落膜。小垄沟处的地膜不落地，用枝条撑起，避免浇水后地膜黏到地面上，造成板结，见图5–2–7。

（2）温度管理。定植后7天内要保持室内温度25~32℃，促生新根。晴天中午前后温度超过32℃，要放草苫遮阳或覆盖遮阳网降温。新叶吐出，开始明显生长后加强通风，降低温度，白天25℃左右，夜间15~20℃；结瓜期要保持高温，白天温度25~32℃，夜间20℃左右。冬季温度偏低时，要加强增温和保温措施，白天温度不超过32℃不放风，夜间温度不低于8℃（图5–2–8）。翌年春季要防高温，白天温度28℃左右，夜间15~20℃。

图5–2–8　覆盖保温被保温

（3）光照管理。冬季光照不足，容易引起化瓜，应采取增加反射光量、人工补光以及及时清扫薄膜尘土，保持薄膜表面清洁

图 5-2-9　清扫棚膜尘土

等多种措施（图 5-2-9），增加温室内的光照量和光照时间。

（4）肥水管理。浇足定植水时，一般到坐瓜前不再浇水，定植水不足时可在定植 1 周后适量浇水，应避免浇水过多，引起旺长。田间大部分瓜秧坐瓜后，根据土壤干湿情况，适时在小垄沟内浇 1 次水。之后勤浇水，保持地面湿润。冬季温度低，需水少，一般 15 天左右浇 1 次水。春季随着温度的升高，植株生长的加快，增加浇水量，应 7~10 天浇 1 次水。

图 5-2-10　随水追肥

施足底肥后，结瓜前不追肥。开始收瓜后，结合浇水进行追肥。冬季每 15 天追肥 1 次，春季每 10 天左右追肥 1 次，拉秧前 30 天不追肥或少量追肥。采取小垄沟内冲肥法施肥。结合浇水，交替冲施无机肥和有机肥（图 5-2-10）。无机肥主要用复合肥、硝酸钾、尿素等，每亩用量 20~30 千克。复合肥应于施肥前几天用水浸泡透。有机肥主要用饼肥、鸡粪的沤制液。

图 5-2-11　叶面追肥

结瓜盛期应叶面喷施 0.1% 磷酸二氢钾等，遇连阴天或植株的长势偏弱时，叶面喷洒红糖或白糖的效果比较好（图 5-2-11）。低温期应选在晴暖天的中午叶面施肥，高温期安排在上午 10:00 前或下午 15:00 后进行叶面施肥，施肥后加大通风量，排出过湿的空气。

六、植株调整

图 5-2-12　黄瓜吊蔓

（1）引蔓和落蔓。瓜蔓长到20厘米左右长时，开始吊绳引蔓。每株瓜1根细尼龙绳，绳的一端系到瓜苗行上方的铁丝上；另一端打宽松活结系到瓜苗的基部，并将瓜蔓顺时针绕缠到绳上。用绳固定住瓜蔓后，将嫁接夹从苗茎上取下。随着瓜蔓的不断伸长，及时将蔓缠到吊绳上（图5-2-12）。生长比较旺以及温室南部的瓜秧，应用弯曲引蔓法，将生长点位置压低；长势偏弱、低矮的植株应用直领法引蔓上绳；温室北部的瓜秧可视长势适当调节高度。一般要求缠蔓后，温室内东西向的瓜秧高度基本一致，南北向北高南低，呈斜面型。

由于黄瓜茎蔓易折断，因此，一般在上午10时后、下午3时前缠蔓，减少缠蔓对茎叶造成伤害。

当瓜蔓爬到绳顶后开始落蔓，一般下午落蔓。落蔓前，先将瓜蔓基部的老叶和瓜采摘下来，然后将瓜蔓基部的绳松开，将瓜蔓轻轻下放，在地膜上左右盘绕，不要让嫁接部位与土接触。每次下放的高度以功能叶不落地为宜。调整好瓜蔓高度后，将绳重新系到直立蔓的基部，拉住瓜蔓。随着瓜蔓的不断伸长，定期落蔓（图5-2-13）。

图 5-2-13　落蔓后盘绕

生产中黄瓜的卷须及时摘除，减少营养消耗（图5-2-14）。地上部位保留18片功能叶片即可，多余下部叶片，及时去掉。

（2）整枝抹杈。黄瓜较少

图 5-2-14　摘除黄瓜卷须

出现侧枝，主蔓坐瓜前，如果有基部长出的侧枝，应及早抹掉，坐瓜后长出的侧枝，在第 1 雌花前留 1 叶摘心（图 5-2-15）。

抹杈应于晴天上午进行，不可在傍晚抹杈，以免抹杈后，伤口长时间不愈合而染病（图 5-2-16）。

图 5-2-15　底部的侧枝

图 5-2-16　上午进行侧枝处理

第三节　日光温室早春茬黄瓜栽培关键技术

一、品种选择

温室早春茬黄瓜，应选择耐低温、耐弱光、抗病性强、早熟性好的品种。如津春 3 号、津优 2 号、津绿 3 号、津优 48 号、津优 308 号、津优 31 号、津优 35 号、津优 38 号等品种。

二、播种育苗

（1）营养土准备。充分腐熟有机肥 5 份 + 肥沃田园土 4 份 + 细炉灰 1 份配制而成（图 5-3-1）。每立方米营养土中加入尿素

400~500 克、磷酸二铵 800~1 000 克、硫酸钾 1 200~1 500 克、70% 甲基托布津 250 克或 80% 多菌灵可湿性粉剂 100 克充分搅拌混匀，盖地膜，3 天后去掉薄膜播种，预防苗期病害。

图 5-3-1　营养土混合好装营养钵

（2）种子处理。用种子体积 4 倍量的 55℃的温水浸种，种子倒入水中后用玻璃棒不停地搅动，一直到水温下降到 25~30℃，再浸泡 4~6 小时。浸泡后的种子用清水冲洗 2~3 遍，用纱布包好，放在 28~30℃的温度下催芽。在催芽过程中，早、晚各用 25~30℃的温水清洗一次，当 70% 左右的种子露白即可播种。

（3）播种。工厂化育苗，人工或机械将种子播于事先装好穴盘中（图 5-3-2）。

菜农自己育苗多选用播种在营养钵内（图 5-3-3），播前浇足底水，每穴播种 1 粒种子，播后覆盖 1 厘米厚营养土，扣膜保温。

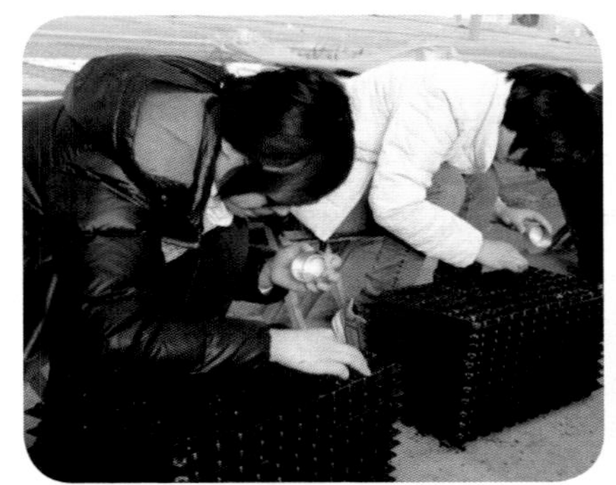

图 5-3-2　人工穴盘播种

图 5-3-3　营养钵播种

（4）嫁接方法。采用靠接法，具体见前述。

（5）嫁接苗管理。苗床上加盖小拱棚，白天温度保持在

图 5-3-4 苗床加盖小棚

25~30 ℃，夜间保持 17~20 ℃，相对湿度 95% 以上，小拱棚上面的温室要盖草帘，全天遮光（图 5-3-4）。3 天后逐渐降低温湿度，白天控制在 22~26 ℃相对湿度降低到 70%~80%，并逐渐增加光照，4~5 天后上午 10 时至下午 3 时遮光，6~7 天全天见光。8 天后取拱棚 10~12 天切断穗根，在断根前一天用手指把黄瓜下胚轴接口下部捏一下，破坏维管束，减少水分疏导，使断根后生长不受影响。

三 . 整地施肥

图 5-3-5 有机肥作底肥

前茬作物收获后，及时清理残枝病叶，覆盖温室 5~7 天进行高温消毒。每亩施充分腐熟鸡粪 8~10 立方米（图 5-3-5）。

另外每亩施氮、磷、钾三元复合肥 50 千克作底肥，生物菌肥 2 千克（图 5-3-6）。

深翻 25~30 厘米，整平后作畦（图 5-3-7）。采用高畦地膜覆盖，畦高 20~25 厘米，大行距 65~70 厘米，小行距 40 厘米。

图 5-3-6 复合肥作底肥

图 5-3-7 整地作畦

四、定植

室内10厘米地温稳定在12℃以上时，选晴天上午进行定植，采用先覆盖地膜后栽苗或先栽苗后覆盖地膜的形式（图5-3-8）。若先栽苗采用暗水定植法，或顺沟浇小水的方法，切忌大水漫灌。先覆盖地膜即在垄背上留宽30厘米，深15厘米的小沟，用90厘米宽地膜覆盖在垄上，拉紧压实。定植株距35~40厘米，行距40厘米，每畦面双行定植，每亩定植3 000~3 500棵。

图5-3-8　先栽苗后覆膜方式

五、定植后管理

（1）温度管理。缓苗期间白天温度保持在25~30℃，夜间15~18℃。缓苗后尽可能早揭晚盖草苫或保温被，温度不高于32℃一般不放风，夜间保持在13~15℃（图5-3-9）。

图5-3-9　及时拉开覆盖物见光

（2）光照管理。为提高光合作用，在保证室内温度的情况下，尽可能延长光照时间，及时清扫棚膜表面的尘土或苫草，增加棚膜的透光性。若遇连续的阴雨雪天，及时除雪，有条件的可以进行人工补光（图5-3-10）。6月光照过强时，可以在薄膜外面覆盖遮阳网进行遮光处理。

图5-3-10　及时清除棚膜表面雪

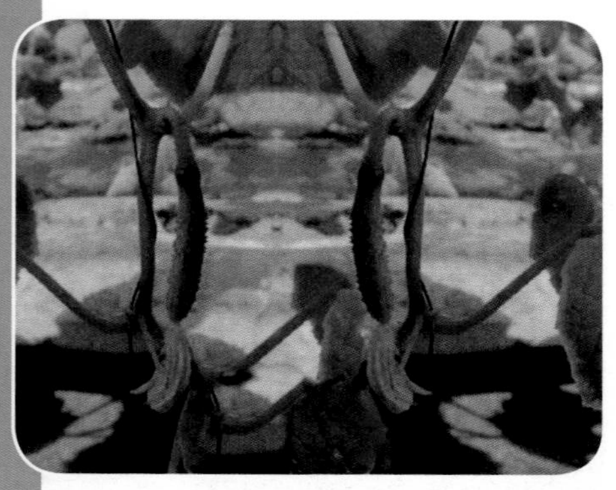

图 5-3-11 黄瓜根瓜坐住

（3）肥水管理。缓苗期间一般不浇水，若出现干旱情况，浇小水，避免大水漫灌降低土壤温度，降低植株徒长的概率。根瓜坐住膨大时，开始浇水追肥（图 5-3-11）。浇水前注意收听收看天气预报，切忌在天气变差前浇水，否则室内湿度大，容易引起病害的发生。追肥以氮磷钾复合肥为主，每次 15~20 千克，一般前期每 7~10 天浇水 1 次，间隔追肥；后期随着外界温度升高，每 5~7 天带肥浇水 1 次。根据植株生长情况，适时喷洒 0.2% 的磷酸二氢钾叶面肥，每 7~10 天喷 1 次。

（4）通风管理。前期通风主要是通过顶端通风口的开关进行通风换气（图 5-3-12）。

图 5-3-12 大棚顶部通风

图 5-3-13 腰部通风

后期随着温度升高，顶部和腰部通风同时进行（图 5-3-13）。

（5）植株调整。瓜蔓长到 30 厘米，6~8 片叶时进行吊蔓处理（图 5-3-14）。

随着植株长高，及时去掉卷须，顺时针缠绕吊蔓。植株高度到 170 厘米时，解开吊绳进行落蔓，去掉老叶、黄叶，保持地上部 18 片功能叶片即可（图 5-3-15）。

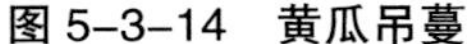

图 5-3-14 黄瓜吊蔓

图 5-3-15 落蔓后调整吊蔓位置

（6）病虫害防治。

黄瓜霜霉病：发病初期，叶片的正面出现黄色小斑点，扩大后由于受叶脉限制而成为淡褐色多角形病斑，叶背产生灰紫色霉层，发病严重时，造成叶片提早焦枯死亡。防治方法：一是选用抗病品种，如津春 3 号、津春 4 号等；二是生态防治，利用温室密闭条件和黄瓜与霜霉病生长发育时对环境条件要求不同，通过科学管理，控制温室温湿度，有利于黄瓜生长发育，抑制病原菌发展，达到防病目的；三是平衡施肥和补施二氧化碳气肥。在黄瓜生长后期叶面喷施 0.1% 尿素加 0.2% 磷酸二氢钾叶面肥以及补施二氧化碳气肥可明显提高植株的抗病能力；四是药剂防治，用 72.2% 的普力克可湿性粉剂 500~600 倍液，或 72.2% 的霜霉威水剂 1 000 倍液喷雾，间隔 5~7 天 1 次（图 5-3-16）。

图 5-3-16 黄瓜霜霉病

黄瓜细菌性角斑病：病害主要危害叶片，子叶受害呈水渍

图 5-3-17　黄瓜细菌性角斑

状圆斑，稍凹陷，略带淡黄褐色。叶片受害，初期呈水渍状小斑点，呈多角形黄褐色角斑，潮湿时，叶背病斑处呈白色“溢脓状”，果实病斑为圆形，常形成溃疡和裂口，可向内扩展，沿维管束果肉变色（图 5-3-17）。

防治方法：一是使用无病种子或进行种子消毒，种子消毒可用 70℃恒温干热灭菌 70 小时；选用无病土育苗以及进行轮作；药剂防治，用 72% 的农用链霉素可湿性粉剂 2 000 倍液，或 80% 的乙蒜素乳油 500 倍液喷雾，间隔 5~7 天 1 次。

黄瓜白粉病：黄瓜白粉病俗称“白毛病”，以叶片受害最重，其次是叶柄和茎，一般不危害果实。发病初期，叶片正面黄瓜白粉病危害的叶片或背面产生白色近圆形的小粉斑，逐渐扩大成边缘不明显的大片白粉区，布满叶面，好像撒了层白粉。抹去白粉，可见叶面褪绿，枯黄变脆。发病严重时，叶面布满白粉，变成灰白色，直至整个叶片枯死。白粉病侵染叶柄和嫩茎后，症状与叶片上的相似，唯病斑较小，粉状物也少。在叶片上开始产生黄色小点，而后扩大发展成圆形或椭圆形病斑，表面生有白色粉状霉层（图 5-3-18）。

图 5-3-18　黄瓜白粉病后期

选用耐病品种，加强田间管理，要适当配合使用磷钾肥，防止脱肥早衰，增强植株抗病性。阴天不浇水，晴天多放风，降低温室或大棚的相对湿度，防止温度过高，以免出现闷热。

白粉病发生时，可在黄瓜行间浇小水，提高空气湿度避免过

量施用氮肥，增施磷钾肥。

发病初期用 2% 农抗 120 嘧啶核苷类抗生素 500 倍液，或用 50% 多菌灵可湿性粉剂 500 倍液，或用 70% 甲基托布津可湿性粉剂 1 000 倍液，或用 75% 百菌清可湿性粉剂 500~600 倍液，或用 15% 三唑酮 (粉锈宁) 可湿性粉剂 1 500 倍液，间隔 5~7 天喷 1 次。

蚜虫：用黄板诱蚜，取一块长方形的硬纸板或纤维板，板的大小一般为 30 厘米 ×50 厘米，先涂一层黄色广告色，晾干后，再涂一层黏性机油或10号机油，也可直接购买黄色吹塑纸，裁成适宜大小，而后涂抹机油。把此板插入田间，或悬挂在蔬菜行间，高于黄瓜 0.5m 左右，利用机油黏杀蚜虫，经常检查并涂抹机油。可用 0.65% 茴蒿素 100 毫升，加水 30~40 千克，或 10% 的吡虫啉可湿性粉剂 2 000 倍液 + 阿维菌素 3 000 倍液喷雾防治（图 5-3-19）。

图 5-3-19　温室悬挂黄色粘虫板

适时采收：早春茬黄瓜采收时期，主要集中在 4—6 月，前期根瓜要及时采收，以防影响植株生长 。

第四节　日光温室秋冬茬黄瓜栽培关键技术

日光温室秋冬茬黄瓜一般是 8 月中下旬播种、 9 月上中旬定植，由于这茬黄瓜苗期处于高温季节，后期气温、地温逐渐降低，因此在生产中要选择既耐低温又耐高温、长势强、高产、抗病和品质好的品种，并且加强黄瓜定植后的管理，才能取得秋冬茬黄瓜高产。

一、品种选择

日光温室秋冬茬黄瓜栽培应选择既耐高温又耐低温、长势强、高产、抗病和品质好的品种，目前采用较多的是津绿3号、津杂2号、夏丰1号、秋棚2号、津春3号、津优2号。

二、播种育苗

图 5-4-1　小拱棚遮阳育苗

（1）苗床选择。秋冬茬黄瓜的育苗期正值高温强光多雨季节，幼苗期要克服温度过高、多雨、温差小造成的幼苗徒长，花性分化不良，不利于幼苗的生长发育等问题。因此，苗床要做到既能挡雨又能遮光降温，可采用小拱棚、高畦、加遮阳网覆盖，可避免强光，又能降低温度，还可以防雨水（图 5-4-1）。

（2）营养土配制。疏松通气，保水保肥，富含有机质，氮、磷、钾、钙等营养含量适中、pH 值中性至微酸性的营养土是理想选择。一般可用肥沃的没有种过同科蔬菜的园土7份过筛（图 5-4-2），充分腐熟的有机肥3份，每立方米混合土中加入腐熟粪干30~50千克，复合肥1~1.5千克，50%多菌灵可湿性粉剂80~100克，95%敌百虫粉剂50~60克混匀堆好，覆盖塑料薄膜闷3~5天即可。

图 5-4-2　筛营养土

（3）嫁接育苗。为预防土传病害，提高秋冬茬黄瓜的抗性，增强后期根系抗低温能力，需要对黄瓜进行嫁接处理。采用靠接法，先播黄瓜，黄瓜出苗后播南瓜。黄瓜和南瓜播前用55℃热水浸种，降到室温后浸泡6~8小时，然后用1%的高锰酸钾溶液浸泡20~30分钟进行消毒，洗净后在25~30℃温度下催芽，70%露白时播种。将营养土铺于苗床10厘米厚，浇足底水，水渗后撒籽，黄瓜籽距1~1.5厘米，南瓜籽距1.5~2厘米，覆营养土1.5~2厘米厚 。一般黄瓜苗心叶显露，高6~7厘米，南瓜苗高5~6厘米，一叶一心时去掉南瓜真叶嫁接，由于此时温度高，嫁接选阴天或在晴天遮阳下进行（图5–4–3）。

（4）苗床管理。嫁接苗及时放入苗床，浇水扣塑料拱棚保温保湿，保持温度25~30℃，湿度达到95%以上。嫁接后前3天管理注意遮阳、防高温、保湿。

图5–4–3　黄瓜嫁接

3天后管理，光照应由少到多，温湿度由高到低，通风由小到大，以不发生萎蔫为原则。嫁接后10天左右进行断根，断根后出现萎蔫还需适当遮阳（图5–4–4）。嫁接成活后及时去除南瓜萌发出的腋芽，定植前6~7天进行低温炼苗；定植前1~2天叶面喷1次72.2%普力克400倍液，20%吡虫啉1 000倍液和磷酸二氢钾、尿素各500倍液，促进缓苗，预防病虫。

图5–4–4　成活后断根处理

三、整地施肥作畦

（1）清洁田园。为减少定植后的病虫害，及时彻底清除上茬残枝落叶、杂草（图5–4–5）。

图5–4–5　清除棚内杂草

（2）每亩施充分腐熟的有机肥8~10立方米，磷酸二铵

图 5–4–6　挖沟后灌水闷棚

50~60 千克，硫酸钾 40~50 千克。硫酸镁 1~2 千克，硫酸锌 1 千克，硼肥 300~500 克，深翻 25~30 厘米后耙平。

（3）挖沟后灌 1 次大水，然后密闭棚 8~10 天，棚内温度达 60~70℃，进行高温杀菌消毒（图 5–4–6）。

四、定植

图 5–4–7　晴水定植

选晴天下午或阴天进行定植。按宽行 65~70 厘米，窄行 45~50 厘米开沟，以株距 30~35 厘米定植，采用明水定植法，将苗摆放在沟中，覆土后灌水，浇水量要大，以利于成活（图 5–4–7）。每亩定植 3 000~3 200 株。

五、定植后管理

图 5–4–8　中耕松土

（1）温度管理。定植后由于温度高应以加强通风，并及时中耕松土，降低土壤温度（图 5–4–8）。进入结瓜盛期，土壤内外温度适中，符合黄瓜生长要求，白天加强通风换气使气温控制在 25~30℃，夜间 15~18℃。随外界温度下降，停止通底风，只利用天窗通风，晴天中午 25℃开始放风，午后温度低于 20℃时闭棚。在外界温度进一步下降，夜间棚内最低温度低于 12℃时

要按时盖草帘，早揭晚盖。进入严冬，随外界温度下降，根据情况加盖草帘，做好防寒保温。

（2）肥水管理。定植缓苗水浇后，结果前温度高、湿度大，为防止幼苗徒长，应少浇水，浇小水。在吊蔓前可进行 1 次追肥，每亩追尿素 10~15 千克。进入结果盛期，肥水要充足，一般追肥 2~3 次，每次追尿素每亩用 10~15 千克，或腐熟有机肥 1~2 立方米，随水膜下暗沟冲施，7 天左右浇 1 次水，宽行间隔 10~15 天浇 1 次水。结果后期随外界温度的降低，不再大通风，浇水次数也减少，一般只在膜下 10 天左右浇 1 次，掌握不旱不浇水追肥（图 5–4–9）。

图 5–4–9 黄瓜膜下浇水

图 5–4–10 拱形覆地膜

（3）中耕覆膜。缓苗水浇后，要加强中耕疏松土壤，增加土壤的透气性和保水性，促根系发育，控制地上部分徒长。吊蔓前窄行覆盖地膜，做成小拱棚形，便于灌水追肥和后期提高地温（图 5–4–10）。进入冬季为了提高地温，宽行间进行 2~3 次深中耕。

（4）植株调整。蔓长 40~50 厘米时及时吊蔓（图 5–4–11）。秋冬茬黄瓜侧枝多，一般 10 节以下的侧枝全部摘除，10 节以上的侧枝在第一雌花前留 1~2 片叶摘心。选留侧枝的多少要根据植株的疏密程度而定，不能过密。植株生长到 25 片叶后打顶摘心，以促侧蔓结瓜和回头瓜发育。

图 5-4-11 黄瓜吊蔓

六、病虫害防治

常见的病害有霜霉病、白粉病、细菌性角斑病，虫害有白粉虱、蚜虫防治方法见前述。

七、适时采收

根瓜要尽量早采收，以防坠秧。结果前期，温度高，光照条件好，肥水供应足，瓜条生长速度快，采收应及时。结果后期，气温低、光照减弱，瓜条生长缓慢，在不影响商品质量的前提下应尽量延迟采收。

第五节 塑料大棚春季黄瓜栽培关键技术

（1）品种选择。大棚早春栽培要求品种早熟性强，第一雌花节位低，叶蔓生长适宜，具有较高的抗病性等。主要品种有津优 10 号、津优 36 号、新泰密刺、长春密刺、鲁黄瓜 4 号、鲁春 26 号、津杂 1 号、津杂 2 号、津春 3 号、中农 5 号、农大 5 号、农大 12 号等。

图 5-5-1 黄瓜壮苗

（2）培育壮苗。早春茬黄瓜适宜苗龄 40~45 天，播种育苗在日光温室中进行，一般在 12 月下旬，此时温度低，注意保温（图 5-5-1）。

（3）施肥整地。前茬作物收获后，一般每亩施有机肥 6 000~8 000 千克。土杂肥作基肥，配合施入过磷酸钙 100 千克，草木灰 50 千克，或复合肥 50 千克，然后深翻整平（图 5-5-2）。

定植前 20 天扣棚，提高地温，按栽培行开沟。开沟后再每亩施 300~400 千克腐熟圈肥，可集中条施，施肥后作成高垄，垄宽 60 厘米，沟距 80 厘米。

（4）定植。当拱棚内 10 厘米的地温稳定在 10℃以上，白天外界气温在 18℃时，选晴天上午进行定植。定植方法有穴栽暗水定植、开沟明水定植和水稳苗定植三种。

图 5–5–2　施肥整地

穴栽暗水定植：是在高垄的两侧先开沟，然后在沟内按株距挖穴定植，封沟后再开小沟引水浇灌，灌水后下午再封小沟，使地温不降低（图 5–5–3）。这种定植方法灌水量小，易干旱，应注意适当早浇第一水。

图 5–5–3　开沟后挖穴

开沟明水定植：是在高垄上开深沟，按株距栽苗，少埋一些土，栽植不可太深。栽好苗后引水灌沟，灌水后 2 天下午封沟。这种定植方法用水量大，不必再浇缓苗水，但地温较低，定植后要及时覆盖地膜，提高地温（图 5–5–4）。

图 5–5–4　先封穴后浇水

水稳苗定植：是在高垄上开沟后先浇水，在水中放苗，水渗下后封沟，有利于地温提高。定植密度以每亩定植 4 000~4 300 株为宜。

（5）定植后管理。

①温度管理：黄瓜定植后至缓苗阶段管理的重点是提高地温、气温，促进黄瓜迅速缓苗。多层覆盖的定植当天就要插好小拱，扣上 2 层膜，夜间并加盖草苫防寒（图 5–5–5）。

图 5–5–5　放线开沟

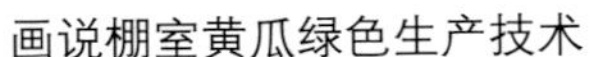

定植后1周，白天温度不超35℃可不揭小拱棚。小拱棚上的覆盖物要早揭晚盖，缓苗后逐渐揭去小棚。

图5-5-6 两层覆盖保温

图5-5-7 尽可能拉开保温被见光

定植后10天内一般不放风，提高气温，促进地温升高。缓苗后控制浇水，并进行膜下中耕促根壮秧，对棚温实行变温管理，温度白天保持25~32℃，超过32℃放风，拱圆形大棚20℃时停止放风，单坡面大棚20℃时覆盖草苫或保温被，前半夜保持16~20℃，后半夜保持13~15℃。由于气温已升高，尽量早揭晚盖草苫，争取多见阳光。当棚外最低温度达到15℃以上时昼夜通风，阴雨天也要揭开草苫（图5-5-7）。当苗高30厘米卷需放开后，及时除小棚吊蔓。生产中此期要特别注意预防寒流危害。

②肥水管理：黄瓜定植缓苗后，及时中耕松土、坐果前一般不再浇水，在根瓜坐住后，选晴天进行浇水追肥，每亩施用尿素10~15千克，随水灌入沟内，灌完水后把地膜盖严。7~10天灌溉1次水，浇水2次，追肥1次。

③植株调整：黄瓜伸蔓期进行吊蔓，5~7天吊蔓一次，侧枝及时去掉，随着植株的生长，及时落蔓。摘除下部老叶、病叶，

图5-5-8 摘除底部老叶

增加通风透光（图 5–5–8）。生产中也有黄瓜植株长到达 20~25 片叶时摘心，促进回头瓜的着生，提高采收频率，由原来隔天采收逐渐提高到每天采收一次。

（6）采收。早春茬黄瓜根瓜要及时早收，以利于植株生长发育，温度升高后 2~3 天采收一次即可。

第六节　塑料大棚秋季黄瓜栽培关键技术

黄瓜秋延后大棚栽培，是在气温由热转冷，露地黄瓜已不能生长时，利用大棚的保温作用，黄瓜继续生长一段时间的栽培形式。这茬黄瓜 9 月下旬至 12 月供应市场，正好补充了市场露地黄瓜不能生长，温室黄瓜还没有上市的淡季，经济效益较好。

（1）品种选择。大棚秋季黄瓜栽培期间，前期高温多雨，后期低温。因此，必须选择前期耐高温，后期又耐低温，既抗病，又丰产的优良品种。目前秋大棚黄瓜适宜的品种有秋棚 1 号、秋棚 2 号，津杂 1 号、津杂 2 号、津杂 4 号、津杂 5 号，津研 4 号，津春 4 号、津春 5 号，津优 1 号、津春 10 号、津春 11 号，中农 1101 等品种。切忌用春黄瓜品种进行秋季延后栽培。

（2）适时播种。大棚秋延后栽培黄瓜的目的不是为了早熟，而是为了延迟供应期。当露地黄瓜栽培结束后，市场黄瓜短缺时，大棚秋黄瓜正好大量采收上市，以便做到均衡供应。秋延后黄瓜播种过早，苗期正处在炎热多雨的夏天，育苗比较困难，且生长前期的温度高，易导致植株生长不良和感染病害；播种过晚，虽然植株健壮，但结瓜天数少，不等形成产量高峰，即停止生长。

图 5–6–1　黄瓜苗 2 叶 1 心

大棚秋延后黄瓜适宜的播种期为 7 月底至 8 月上旬为宜，以直播为主较为方便，如采用营养钵育苗移栽可以提前 3~5 天育苗，2 叶 1 心时定植（图 5–6–1）。为了保证提前出苗，在生产上多采用催芽播种的方式，即浸种 4 小时或用湿布包住催芽 12 小时露白后进行播种。该茬黄瓜一般 8 月底至 9 月上旬开始采瓜，10 月上旬进入结瓜盛期，可延迟到 12 月份。

图 5–6–2　南侧薄膜卷起加防虫网

（3）整地作畦。大棚前茬作物收获后或夏季空茬，要于播种前进行施肥整地，并作畦内高垄以备播种。每亩的大棚需施入经过充分腐熟的 8~10 立方米优质农家肥，氮、磷、钾三元复合肥 50 千克，撒匀后将地翻起，并整细、耙平，做成宽 60~80 厘米的大垄、45~50 厘米的小垄，垄高一般以 20 厘米为宜。大棚秋延后黄瓜，苗期处于高温季节，多采取旧膜下高垄直播的栽培方式。膜下直播，一方面可以防雨淋；另一方面还可以减弱直射强光，幼苗扎根深，根系强大，植株长势强。但必须将大棚前柱以南的薄膜卷起，使膜下空气对流，否则棚内温度过高，幼苗易徒长（图 5–6–2）。

（4）播种。

① 直播：秋延后黄瓜播种的前 2 天下午进行浸种催芽，待芽长至 0.2 厘米时即可播种。播种时先在垄的两腰开沟，沟距 50 厘米，沟深 3 厘米，然后用水壶浇小水，水渗下后按 10 厘米的距离点种，随即覆 2 厘米厚的细土。一般播种后 3~4 天即可出苗。播后若发现土壤缺水，可顺畦埂边沟浇小水，以水渗下后能湿润到种子处为宜。一般每穴点种两粒种子，为了便于喷药、采瓜等管理，采用宽窄行种植，一般宽行 70~80 厘米，窄行 40~50 厘米，株距 25~30 厘米，即 3 500~3 600 株 / 亩为宜（图 5–6–3）。密度

图 5–6–3　按距离标准调沟

低于 3 500 株 / 亩，虽然单株产量较高，但总产量较低；密度大则通风透光性不好，造成霜霉病发生严重。

② 育苗移栽：育苗方法与秋冬茬基本相同，一般不嫁接，若重茬地只需利用药剂防治枯萎病即可，最大的不同点在于育苗地必须进行遮光、挡雨、降温。较好的方法就是苗床上面加盖遮光率为 50% 的遮阳网（图 5–6–4），加强肥水管理，待苗龄 20 天左右，出现 2~3 片真叶时，选凉爽天气移栽，定植密度与直播相同即可。

图 5–6–4　遮阳网覆盖育苗

（5）田间管理。大棚秋延后黄瓜，生长前期要加强水肥管理，使植株生长健壮，提高抗逆能力，中、后期及时扣膜，使植株逐渐适应棚内环境，延长生长时间。

① 肥水管理：秋延后黄瓜幼苗期和生长前期，由于高温多雨季节，生长速度快，在管理上要适当控制肥、水，防止其徒长。如基肥充足，基本可不必再施肥；在水分管理上，应坚持小水勤浇，保持土壤湿润。此期还要进行 2~3 遍中耕划锄，以减少水分蒸发，疏松土壤，壮大根系。秋延后大棚黄瓜播种时气温高，土壤蒸发快，容易造成土壤干旱板结，影响出苗，所以要连浇两次水以保证出苗，一般 4 天 可出苗，出苗后在傍晚进行查苗补栽。

大棚秋延后黄瓜生长中期，由于光照足，温度高，一般播种后 40~45 天即可采收根瓜。在这样短的时间内，既要大量生长茎

图 5–6–5　随水冲肥

叶，又要开花结瓜，没有充足的养分是不行的。因此，要及时补充肥料。追肥时以尿素和磷酸二氢钾为主，一般每亩每次追尿素 20~25 千克，磷酸二氢钾 3~5 千克，逐棵深埋或顺水冲施。追肥应重点选择在盛瓜期进行，此时黄瓜肥水需要量大。一般每隔 5~7 天追一次速效肥，要浇一次水追一次肥（图 5–6–5），以保证在生长后期气温较低时，黄瓜根系仍然保持较高的吸收能力。实践证明，盛瓜期追肥次数多，追肥的数量大，黄瓜始终长势旺盛，效益较高。

②植株调整：黄瓜在 3~4 片真叶时可以定苗，定苗后，由于此时黄瓜生长迅速，要考虑引蔓上架，如果上架不及时，黄瓜触地生长，会出现弯瓜多，影响产品质量（图 5–6–6）。

图 5–6–6　黄瓜触地生长形成弯瓜

黄瓜生长中前期，棚膜卷起或没有棚膜，受风的影响较大，所以一般不采用吊蔓的方法，以免植株因风吹而摇动，影响其生长和光合作用的发挥。绑蔓时要将龙头方向一致，使蔓顺竹竿而上。这样的方式可使植株叶片分布均匀，切不可将蔓斜向或交叉绑缚，否则将造成叶片相互遮挡，而且也不利于落秧（图 5–6–7）。

图 5–6–7　黄瓜茎蔓顺杆固定

在绑蔓的同时，要将雄花

和卷须摘除，并去掉根瓜以下的侧蔓。根瓜以上的侧蔓出现雌花时，可在雌花之上留 2 片叶打顶，达到主侧枝同时结瓜的效果。植株长到棚顶时，要于下午及时落秧。

③温度管理：秋延后黄瓜的整个生育期，环境温度是由高向低变化的，且变化幅度大。因此，在植株生育期的不同阶段调节、控制好温度，是大棚秋延后黄瓜产量、效益高低的关键。秋延后黄瓜苗期及中前期基本上是在露地气候条件下生长，温度随外界变化而变化。一般不进行人工控制。9 月中旬，当夜间温度持续低于 15℃时就要扣棚，或撤旧膜换新膜，但白天要将棚边薄膜卷起，以利降温、排湿（图 5-6-8）。扣棚过晚就会影响产量和效益。扣棚之初，两边棚膜不要封死，使黄瓜由露天生长逐渐适应大棚环境。以后，随着温度的降低，压严棚边薄膜，调整放风时间和放风量。中后期打掉下部的病老残叶以利于通风透光。

图 5-6-8　薄膜卷起降温

棚内温度白天温度控制在 25~28℃，夜间要敞开通风口以散湿，防止结露。通风口的大小，以调节棚内夜温在 13~17℃为宜，使昼夜温差达到 7℃以上。进入 10 月以后，外界气温下降较快，应充分利用此期晴朗天气多的特点，白天使棚内温度保持在 26~30℃，夜间注意保温，使温度保持在 13~15℃。此期的通风管理工作要加强，白天在温度适宜的情况下要加强通风，但要根据气温和棚温的变化灵活掌握。当外界气温低于 13℃时，夜间一般不进行通风。

11 月外界气温急剧下降，气温变化大，因此，在外界夜温 10℃左右时，要及时将草苫子上好；当棚内最低气温低于 12℃时，要按时揭、盖草苫。此期的温度不宜太高，应使植株逐渐适应低温环境。通风管理要根据棚内的温度、湿度情况，结合外界天气情况来进行，总的是逐渐减少通风量和通风时间。

进入冬季后，主要的管理工作是加强保温，草苫要逐渐晚揭

图 5-6-9 大行间覆盖地膜降湿

早盖，以保持棚内较高的温度，使植株站秧期尽可能延后。为了降低大棚内的湿度，扣膜后要进行地膜覆盖，可实行条幅地膜分覆于植株两侧的办法盖膜，这样不受植株大小的影响（图 5-6-9）。两幅地膜之间衔接要用土压紧，浇水时揭开畦埂两边地膜灌水，水渗下后将地膜拉下盖好。

④ 病虫害防治：秋延后大棚黄瓜病虫害较多，如防治不及时都会对产量造成影响，总的来说，封棚之前以治虫为主，封棚之后以防病为主。黄瓜出苗后最先出现的病害是猝倒病，遇到阴雨天幼苗从地皮部位成片死亡，一旦发现立即用百菌清或多菌灵进行防治。之后出现黄守瓜、斑潜蝇等虫害，这两种虫虽小但危害严重，较为理想的药物为蚜虱净，连续防治两遍效果好。病害的重点为霜霉病，其次是角斑病和灰霉病。防治黄瓜霜霉病以预防为主，控制温度，喷药保护，可选用乙膦铝、杀毒矾、代森锰锌等交替进行防治，封棚后可使用百菌清烟雾剂。细菌性角斑病可用农用链霉素，灰霉病可用扑海因或速克灵等进行综合防治。

图 5-6-10 化瓜

⑤ 采收：秋延后黄瓜注意及早摘除根瓜和下部侧枝，防止坠秧、化瓜，影响上部瓜的正常生长（图 5-6-10）。

前期光照、温度有助于黄瓜的生长，为了获取较多的产量，每 1~2 天采收 1 次，到后期天气转冷，温度低、光照弱，产量低，但秋延后黄瓜价格逐渐提高，所以采收黄瓜也可逐渐拖延，发挥延后栽培的优势。

第六章　黄瓜主要病虫害的识别与防治

第一节　黄瓜生理性病害

在黄瓜生产中，凡是由气候影响和管理不当引起的症状均属生理性病害范畴。生理性病害往往难以识别。目前，生理性病害具有普遍性和多样性，能占总病害的50%以上。

一、戴帽出土

1. 症状

在黄瓜育苗出土时，经常遇到瓜苗出土后有种皮夹在子叶上而不脱落的情况，俗称“戴帽”（图6-1-1）。

图6-1-1　戴帽出土

瓜苗子叶期光合作用主要通过子叶进行，幼苗戴帽使子叶被种皮包住而不能正常伸展，不仅易使子叶受伤，而且直接影响到子叶的光合作用，造成幼苗生长不良或形成弱苗，影响植株的后期生长发育。发病时轻者造成幼苗生长不良而形成弱苗、小苗，重者子叶烂掉，幼苗因饥饿而死亡（图6-1-2）。

图6-1-2　去掉种皮后的叶片伸展不好

2. 原因

（1）黄瓜种子质量不好，生活力弱，出土时无力脱壳。

（2）床土湿度太小底水不足，出现裂缝，引起瓜苗戴帽出土，或种皮干燥变硬，夹住子叶而不易脱落。

（3）种子竖直插入土中，上部接触的土壤面积减少，种子出土过程中吸水不均匀。

（4）幼苗刚出土过早揭开覆盖物或晴天中午揭膜，引起种皮在脱落前变干，致使种皮不能顺利脱落，导致瓜苗戴帽的发生。

（5）播种时覆土干燥，黄瓜种皮容易变干，引起瓜苗戴帽出土。

（6）播种太浅或覆土厚度不够，造成土壤挤压力不足，引起瓜苗戴帽出土。

（7）苗床温度偏低，出苗时间延长引起瓜苗戴帽出土。

3. 防治方法

（1）精选种子，挑选粒大饱满无虫的种子，进行浸种处理，不要播种干籽。

（2）精细整床，要求苗床床土细、松、平整，播种前要浇足底水。

（3）保湿，播种后加盖塑料薄膜或草帘进行保湿，使床土从种子发芽到出苗期间始终保持湿润状态。除去覆盖物不要过早、过急。

（4）幼苗刚出土时，如床土过干要立即用喷壶洒水，保持床土潮湿。

（5）出现裂缝时，在裂缝处覆盖湿润的土壤。

（6）发现“戴帽”苗，可趁早晨湿度大时，或喷水后用手将种皮摘掉，操作要轻，如果干摘种壳，很容易把子叶摘断，也可等待黄瓜幼苗自行脱壳。

（7）覆土太浅的地方，可补撒一层湿润细土。覆土要用潮土，适当增加覆土的厚度，生产中一般为 1~1.5 厘米，不能超过 1.5 厘米（图 6–1–3）。

图 6–1–3　撒盖湿润的土壤

二、黄瓜徒长

1. 症状

黄瓜苗徒长现象，黄瓜茎纤细（图 6–1–4）。

植株徒长，节间过长，叶片薄而且色淡，组织柔嫩，根系小，很少结瓜，易化瓜（图 6–1–5）。

图 6–1–4　徒长苗

图 6–1–5　徒长植株

2. 原因

（1）温度过高，尤其是夜间温度过高，导致植物的营养消耗大于光合制造，养分积累减少，造成碳氮比失调，从而出现徒长，是造成徒长的直接原因。黄瓜生育适宜温度为 25~30℃，超过 30℃植株生长加快，易徒长。

（2）光照弱，光照强度不足。

（3）密度过大，植株之间空间小，竞争生长。

（4）氮肥使用量过多，造成营养过剩。偏施氮肥，底肥中施用的氮肥过量，使得植株前期氮素供应过多，碳氮比较低，导致叶片大而薄。

（5）土壤水分多，湿度大，造成徒长。

3. 措施

（1）降低空气温度，特别是降低夜间温度，拉大温差，以降低夜间呼吸速率。所以白天把温度提升到 28~30℃，而下半夜

就要把温度降下来，以黎明时 12~15℃为宜。降低夜温，可在夜间晴天条件下，适当保留通风口，加大通风量。

图 6-1-6　白天增加光照

（2）增加光照强度，延长光照时间 。所以在连阴天气里，要注意补充光照。如果在冬春栽培中，遇到连阴天，要尽量揭苫见光，同时叶面喷施磷酸二氢钾溶液（图 6-1-6）。

（3）减少氮肥的使用量及次数，增加磷钾肥的施用。

（4）减少种植密度，适时进行植株调整。

（5）不要大水漫灌，少浇水，适当干旱蹲苗。

（6）在黄瓜秧 4 片真叶期叶面喷施乙烯利，增加雌花数量，控制植株长势。

三、黄瓜幼苗子叶畸形

1. 症状

幼苗子叶畸形有多种表现形式，有的两片子叶大小不一、不对称，有的子叶开裂（图 6-1-7）。

有的子叶展开方向不在同一条线上（图 6-1-8），有的子叶抱合在一起，有的子叶黏连在一起。子叶是黄瓜幼苗生长初期的

图 6-1-7　子叶开裂

图 6-1-8　子叶倾斜

主要光合器官，子叶畸形会对幼苗生长造成一定的不良影响。例如，粘连在一起的子叶会影响真叶的伸展，减少黄瓜幼苗的光合面积。另外，子叶的质量是黄瓜种子质量和幼苗质量的标志，子叶畸形，往往说明种子质量差，将来这样的幼苗的产量和瓜的品质往往也较低。

2. 原因

子叶畸形主要是种子质量本身造成的，如种子不成熟，发育不完全，放置时间过长，留种时选择母株不当，母株不够健壮等。

3. 措施

栽培者自行留种时，要选择植株中部大瓜留种，而不要用下部瓜，甚至根瓜留种，因为下部瓜发育时植株幼小，环境条件差，授粉不良，种子质量差，播种前应对种子进行清选或漂洗，剔除瘪籽，残破籽，小籽。

图 6–1–9　轻度萎蔫

四、黄瓜的生理性萎蔫

1. 症状

对产量影响较大。早春栽培的黄瓜从定植到结瓜生长发育一直正常，但有时在中午特别是晴天中午，叶片会出现萎蔫现象，初期只是植株中下部叶片在白天萎蔫，到夜间尚可恢复（图 6–1–9）。

萎蔫严重的到后期整个植株叶片萎蔫且不能恢复，生长势减弱，结瓜能力降低，甚至整株枯死（图 6–1–10）。

图 6–1–10　严重萎蔫

2. 原因

（1）由于种植黄瓜长期积水，或

长期进行大水漫灌，使土壤含水量过高，土壤缺氧，造成根部呼吸受阻，吸收功能降低所致。

（2）植株缺水，而叶片蒸腾量大，植株水分不能满足蒸腾需要，就会发生萎蔫。土壤干旱，也会出现生理性萎蔫现象。

（3）在土壤氧气含量很低的情况下，土壤中的微生物会产生有毒物质，使根系中毒，加重病情。

（4）阴天后突然转晴，施肥过多影响根吸水，浇水后遇阴天沤根等也会出现。

3. 措施

（1）草帘遮阳，喷清水或腐殖酸类叶面肥过渡，灌生根剂、浇水，提高夜温。

（2）长时间萎蔫配合灌可杀得预防根腐病发生。

（3）只要处理及时，不出现青枯，可以恢复生长。

（4）要选泽地势高燥、平整、排水良好的地块栽培黄瓜，切忌选择低洼地。

（5）确实需要在低洼地种植黄瓜，则一定要采用高畦或高垄栽培的方式，提高土壤透气性。

五、黄瓜叶片边枯

1. 症状

枯边叶又称焦边叶，多发生在植株中部叶片上。病叶叶缘发生干枯，深达叶内 3~5 毫米。

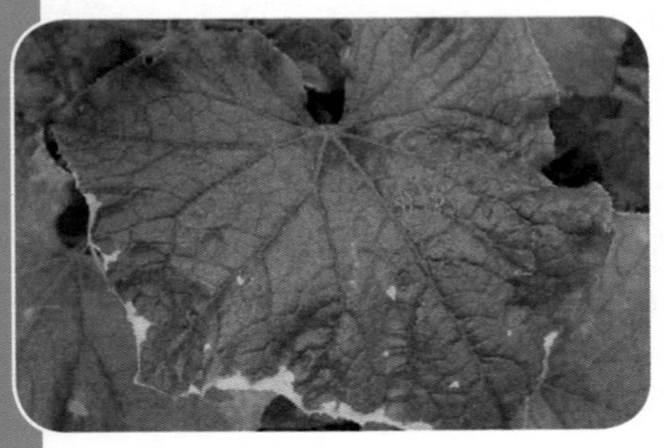

图 6-1-11　药害边枯

2. 原因

（1）盐害，因大量施用化肥，土壤盐渍化，土壤盐浓度过高。

（2）药害，喷农药时，因药液浓度偏高或药液偏多，或药液积存在叶缘而造成药害，这类叶的坏死部分多呈白色（图 6-1-11）。

（3）失水，在棚室内高温，高湿的情况下，突然放风，致使叶片急速失水量过多。衰老，植株下部叶片自然衰老(图6–1–12)。

图 6–1–12　失水边枯

3. 措施

（1）科学施肥，进行配方施肥，多施有机肥，有机肥要充分腐熟后再施用。追施化肥要适量、均匀，尽量少施硫酸铵等有副成分残留的化肥，以降低土壤溶液浓度。

（2）洗盐，对于土表有白色盐类析出的盐渍化土壤，可在夏季浇大水，连续泡田 15~20 天，使土壤中的盐分随水分淋溶到深层土壤中。

（3）科学放风，切记放风过急、过大，即使需要大放风，也要逐渐加大放风量。

六、黄瓜花打顶

1. 症状

在早春、秋延后或冬春茬栽培的黄瓜，苗期至结瓜初期常会出现植株顶端不形成心叶而是出现花抱头现象，植株停止生长，影响黄瓜的产量和品质（图6–1–13）。

图 6–1–13　顶部花芽簇生

黄瓜花打顶又叫花抱头，在棚室黄瓜生产中常见，表现为植株生长点附近的节间缩短，不再向上生长，没有新叶和新梢长出，自封顶，出现雌雄杂合的花

图 6–1–14　花芽代替顶芽

簇，呈花抱头状。黄瓜花打顶多发生在结果初期，对黄瓜的产量和品质影响很大（图 6–1–14）。

2. 原因

（1）连阴天、雨雪天较长时，导致室内光照不足，棚室地温长期低于 10℃，田间持水量又高于 25%，黄瓜根系生长受阻，植株因营养生长受到抑制，出现花打顶。夜间温度出现低于 10℃的情况，白天叶片进行光合作用而形成的同化物质在夜间转运缓慢，时间长久致使叶片变为深绿色，植株变得矮小出现营养障碍而形成花打顶。

（2）平畦栽培时，浇水、追肥、中耕等人为原因，易导致黄瓜根系受到伤害；有机肥料腐熟不完全、施用多且不均匀，易造成烧根；低温高湿，造成沤根等多种情况下都易造成植株吸收受到影响，出现花打顶现象。

（3）植时定植穴或沟内有机肥施用过量，苗期水分管理不当，定植后没有浇透，土壤溶液浓度高，根系吸收困难，控水蹲苗过度造成土壤干旱缺水；地温高，浇水不及时，新叶没有发出来等情况下容易形成花打顶。

（4）个别农户在黄瓜生长前期喷施乙烯利等调节剂促进坐果，导致黄瓜营养生长不足，过早进入生殖生长，出现花打顶现象。

3. 措施

（1）合理调控温度。合理调控棚室内温度，防止温度过高或过低（低于 10℃），影响根系吸收。夜温过低时，要设法维持前半夜的棚室内温度在 15℃左右，下半夜棚室内温降至 10℃左右即可。

（2）加强肥水管理。黄瓜施肥，要掌握少量、多次、施匀，施用有机肥时必须充分腐熟，防止因施肥不当而烧根。适时适量

浇水，避免大水漫灌而影响地温，造成沤根。沤根出现花打顶时要停止浇水，及时中耕，设法提高地温达到 10℃以上，等逐渐恢复正常发育后再转为平常管理。

（3）高畦或高垄栽培。采用高畦或高垄栽培，减少在中耕、浇水、追肥等田间作业时伤及黄瓜根系（图 6–1–15）。

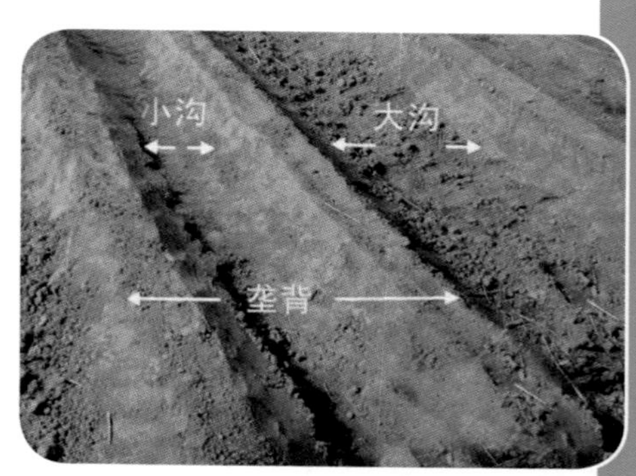

图 6–1–15 起垄栽培

（4）选用适宜的品种。保护地栽培选择适宜的品种，减少调节剂的应用。

（5）疏花疏果。已出现花打顶的植株，植株上的大瓜条全部摘除，顶部雌花摘除，叶面喷施 0.2%~0.3%磷酸二氢钾溶液。

（6）根据情况喷施赤霉素、芸苔素或细胞分裂素等调节剂，7~10 天一次，连喷 2 次。

（7）土壤干旱原因出现烧根花打顶的，及时浇水进行缓解，注意浇小水。烧根所引起的花打顶，应及时浇水，浇水后及时中耕，保持适宜的土壤水分，不久即可恢复正常。

生产中注意，温室冬春茬黄瓜定植不久，由于植株生长缓慢，节间短，常常在生长点处聚集大量雌花（小瓜），常被误认为是花打顶，其实，只要进行正常的浇水施肥，节间伸长后，这一聚集现象会自然消失。初次种植无经验的菜农，易将其误诊为花打顶，进行疏瓜处理，会造成损失。

七、黄瓜尖嘴瓜

1. 症状

瓜条未长成商品瓜，瓜的顶端停止生长，形成尖端细瘦。

2. 原因

（1）温棚内北部光照不足，昼夜温差小，密度过大，透光不良，瓜条膨大时肥水供应不足（图 6–1–16）。

（2）植株长势弱，叶片小，黄叶，生长点受抑，根系受到损伤，降低了根系活力及吸收水肥的能力，植株长势弱，这也增加了尖嘴瓜出现的概率（图 6–1–17）。

图 6–1–16　无刺黄瓜尖嘴

图 6–1–17　密刺黄瓜尖嘴

（3）植株生长后期表现衰老，或感病虫危害，或遇连阴天；一个叶节长出多条瓜，长势弱的易出现尖嘴瓜。

（4）黄瓜尖嘴瓜在植株长势旺盛的时候也会出现，主要原因就是：棚室内的夜间温度高，植物呼吸作用就比较旺盛，消耗大量光合产物，有机养分的积累量就会大大减少，就会造成植株的旺长，而生殖生长受到抑制，瓜条得不到足够的营养，就会产生尖嘴瓜。

（5）过多的留果，会使每根瓜条得到的养分不足，也是产生尖嘴瓜的主要原因。

3. 措施

（1）加强水肥管理，增施有机肥料，多施骡马粪等热性肥料，提高土壤的供水、供肥能力，防止植株早衰，注重对黄瓜根系的养护（图 6–1–18）。

图 6–1–18　有机肥作底肥

黄瓜根系本身就很弱，也很容易受到损伤，而根系的好坏对于黄瓜的生长却是至关重要的，尤其是苗期对根的养护，是黄瓜一生当中最重要的时期之一。调理土壤、养根护根，保证根系的正常生长发育，可以显著的避免根系的早衰，提高根系活力及吸收养分和水分的能力，保证养分的充足供应，保证植株的正常的生长发育，可预防黄瓜尖嘴瓜的产生。

（2）要注意合理控旺。对于控旺在苗期尤为重要，对于苗期的控旺，减少氮肥的施入量，增加磷肥的使用，磷肥不仅可以促进根系的生长，促进黄瓜植株茎秆粗壮，防止黄瓜苗徒长，对后期的开花坐果效果也很明显，所以苗期可以多施入一些高磷或超磷肥，苗期灌根、随水冲施或滴灌，对预防苗期徒长有很好的效果（图6–1–19）。

图 6–1–19　滴灌追肥

（3）合理控温，温度的控制也很关键，合理的控制棚室内的温度，也是黄瓜植株控旺的重要的方面之一。后期对黄瓜植株的控旺，主要是通过温度的控制来实现的。通过合理地选择和使用肥料，合理的控制温度，来达到对黄瓜植株控旺的效果，保证黄瓜植株营养生长与生殖生长协调进行，也是预防黄瓜尖嘴瓜的重要手段之一。

（4）合理密植，保证每个植株有充足的营养和生长空间；做好病虫害防治工作，防止植株遭受病虫危害。

（5）合理的控制留瓜的数量。留瓜的数量主要是由黄瓜植株的长势决定的，一般来讲，正常的黄瓜植株留 3 个瓜，即 1 个幼瓜、1 个正在生长的、1 个即将采摘的。如果黄瓜植株长势过于旺盛时，则可以多留果；对于长势较弱的植株，尽量少留瓜，甚至不留瓜，以平衡营养生长跟生殖生长，预防尖嘴瓜的出现。

八、黄瓜大肚瓜

1. 症状

瓜条基部和中部生长正常，瓜的顶端肥大。

2. 原因

（1）雌花授粉不良，形成种子的部分养分多而发生膨大，没形成种子部分营差不足不发生膨大（图 6–1–20）。

（2）黄瓜生长前期缺水，细胞生长缓慢，到了生长后期又大量供水或者是突然降雨，细胞发育迅速，易形成大肚瓜(图6–1–21)。

图 6–1–20　授粉不良大肚瓜

图 6–1–21　密刺型大肚瓜

（3）持续高温、日照不足、病害等使干物质生产降低，易形成大肚瓜。这是由于雌花授粉不充分，授粉的先端肥大，而由于营养不足，水分不均，中间及基部发育迟缓造成的。

3. 措施

（1）适时适量浇水，控制温度，避免出现大的温差。

（2）根据栽培季节的不同选择适宜的栽培品种。

（3）注意棚室内温湿度的调节，避免温度低于 13℃或长期高于 30℃，最好实行变温管理，加强水肥管理，定植后浇缓苗水，结瓜初期每隔 5~7 天浇水 1 次，盛瓜期每隔 2~3 天浇水 1 次，定植时施足腐熟有机肥，生长发育期间按氮、磷、钾肥的比例及时追肥，并注意进行叶面施肥，以保证植株对营养的需要（图 6–1–22）。

图 6–1–22　定植后浇缓苗水

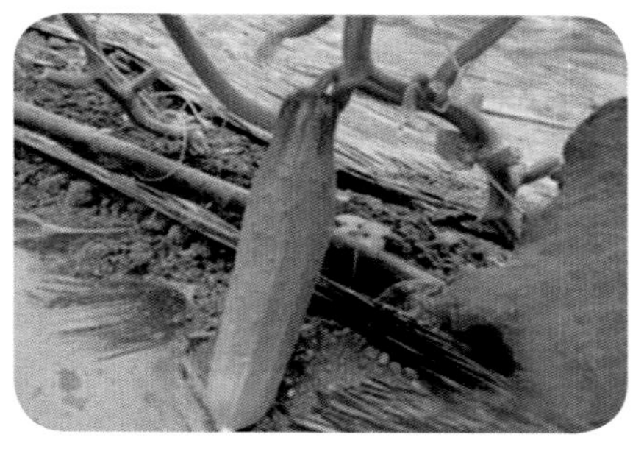

图 6–1–23　根瓜早摘

（4）根瓜适当早采，结瓜盛期及时采收，并随时摘除畸形果，以促进上位果实的正常发育（图 6–1–23）。

（5）及时控制病虫害的发生，并注意摘除老叶和病叶，保证植株健壮生长，减少畸形瓜的产生。

九、蜂腰瓜

1. 症状

瓜条中腰部分细，两端较肥大。果柄基部和顶端正常，瓜条中部细如蜂腰，纵切瓜条可见变细部分果肉已经空洞，整个果实变得发脆。

2. 原因

（1）黄瓜雌花授粉不完全。

（2）授粉后植株营养物质供应不足，干物质积累少，养分分配不足（图 6–1–24）。

（3）高温干燥，低温多湿，

图 6–1–24　营养不足产生蜂腰瓜

图 6-1-25　干燥引起的蜂腰瓜

多肥，多氮多钾，缺钙、缺硼等都会助长蜂腰瓜的发生（图 6-1-25）。

（4）黄瓜染有黑星病，也会出现蜂腰瓜。

（5）点花药的浓度不当。当点花药浓度过高时可能会出现该现象。

3. 措施

（1）均衡黄瓜的养分供给。坐果后要加大肥水供应，充足的养分积累，同时可以配合使用一些促生根类肥料，提高根系生长，促进养分的吸收。

（2）进入结果期要做好温度、湿度、水分、养分的管理，要小水勤浇。棚内温度控制在 32℃左右，超过 37℃，采用放大风、棚内设置遮阳网等措施。

（3）注意钙、硼等中微量元素的补充。

（4）及时整枝、疏花、疏果，结果期随时绑蔓、整理，发现畸形瓜等及时摘除，减少养分流失。

（5）适当降低点花药浓度，减少蜂腰瓜产生。

十、黄瓜弯瓜

1. 症状

在植株生长的过程中，瓜条逐渐呈弯曲状态，在最初和最后的果穗发生较多。

2. 原因

（1）物理原因形成的弯瓜，在支架、绑蔓时阻碍了黄瓜正常垂直生长，特别是根瓜，由于距地面近，不能正常伸长，极易产生弯瓜（图 6-1-26）。

（2）生理性弯瓜，由于温度、光照、水分管理不当，光合产物不足或不能顺利输入到果实形成弯瓜（图 6–1–27）。

图 6–1–26　吊蔓不当引起弯瓜

图 6–1–27　营养不足引起弯瓜

（3）黄瓜采收初期，叶面积小，营养供应不上，采收末期植株老化，叶片病害重，均易产生弯瓜。

（4）肥料不足，种植密度大，光照少，杂草多，养分供应不上，以及土壤干燥，易发生小头弯曲瓜（图 6–1–28）。营养水分过多而引起茎叶过于繁茂，易产生大头弯曲瓜。

图 6–1–28　营养不足引起小头弯瓜

（5）土壤缺少微量元素硼，正在肥大的果实呈现纵身条纹，并弯曲。

（6）高温、干燥的棚室栽培，植株蔓疯长，易发生小头弯曲。

（7）水分管理不当，结瓜前水分正常，结瓜后期水分不足。

（8）阴天骤晴、温度过高而水分、养分供应不足等。

（9）花期条件不适合，子房表现出弯曲状态，随幼瓜生长弯曲加重（图 6–1–29）。

图 6-1-29　重度弯曲瓜

3. 措施

（1）物理矫正。可在弯瓜凸面用小刀割口深 0.3~0.4 厘米长不超过瓜周长一半的伤口，可调节营养物质的输送，也可在瓜长至 20 厘米左右时，将瓜绑在竹竿上，瓜的外侧贴竿，也可进行物理矫正。

（2）选择单性结实能力强的品种。

（3）采取合理的栽培措施，积极防治病虫害，科学施肥，避免温度过高、过低，土壤过干、过湿，预防连续低温，以促使果实顺利生长发育。

（4）当新嫩瓜条发生弯曲时，在弯曲内侧涂抹生长调节剂，可使瓜条明显伸直。

（5）摘除卷须，可预防因卷须等物理障碍引起的弯瓜现象。

（6）浇水要勤，但每次浇水量要少。高温期浇水间隔时间不宜过长。

十一、黄瓜瓜佬

图 6-1-30　蛋状瓜

1. 症状

棚室黄瓜栽培中，黄瓜植株偶尔会结出状如小香瓜的“瓜蛋”黄瓜，鸡蛋大小，称为“瓜佬”。

2. 原因

（1）由环境条件造成的。生产上常见在温室放风不良，或遭受高温障碍时，会结出圆球样的瓜佬（图 6-1-30）。

（2）两性花结出瓜佬外，黄瓜是雌雄同株异花植物，但刚刚分化出的花芽不分雄雌，将来到底是发育成雌花还是雄花，即它们的性别取向，主要依赖于花芽发育过程中的环境条件。因为黄瓜是短日照作物，低温和短日照有利于雌花的形成，而高温长日照则会使花芽向雄花方向发展。在冬季、早春日光温室环境下，基本上有利于雌花的形成，但也存在适于雄花发育的因素。在偶然条件下，同一花芽的雌蕊原基和雄蕊原基都得到发育，就形成了两性花，即完全花。所谓完全花就是一个花朵里既有雄蕊，又有雌蕊，由这样的花结出的黄瓜，就是瓜佬（图 6-1-31）。

图 6-1-31　环境不良引起瓜佬

3. 措施

（1）在花芽分化时要保持适宜的温度，白天 25~30℃，夜间 10~15℃。

（2）保持充足的光照，一般在 8 小时的光照。

（3）空气相对湿度要适宜，保持在 70% ~80%，土壤湿润。

（4）结成瓜佬的完全花多产生于早期，可以结合疏花疏掉。

十二、黄瓜苦味瓜

1. 症状

苦味黄瓜嫩瓜和正常的商品嫩瓜外观一致，但生食时口感涩麻，有苦味，花头和蒂头的苦味重于中间部分的苦味；切成片加调料后，稍有苦味，熟食时与正常黄瓜没明显差别。弱光、低温时，特别是低于 13℃，黄瓜的苦味素含量增高，或植株生长发育期间，温度长时间高于 30℃，同化能力降低，营养失调也易出现苦味瓜；植株衰弱、营养不良时苦味素增大，土壤干旱、氮肥施用量偏多或不足时苦味素增多。

图 6–1–32　氮肥多引起的苦味瓜

2. 原因

（1）氮肥施用过量，磷钾肥过少造成的。因氮肥过多而造成植株徒长、坐瓜不整齐时，在侧枝、弱枝上结出的瓜容易出现苦味（图 6–1–32）。

（2）低温弱光照生长条件下，瓜条生长缓慢，特别是连阴雾天气下，黄瓜的根系受到损伤或障碍时，吸收水分和养分少，瓜条生长极为缓慢，往往会在根系和下部瓜中积累更多的苦味素（图 6–1–33）。

（3）高温引起苦味瓜，大棚内高温持续时间过长，使植株同化能力减弱，损耗增多，黄瓜果实中积累苦瓜素。越冬茬和冬春茬栽培的黄瓜进入春末高温期，或由于植株的根系已经衰老，或由于土壤湿度大，根系的吸收能力减弱，同化能力弱，而夜间湿度又过高，瓜条生长缓慢，会在瓜条里积累更多的苦味素，形成苦味瓜。这种情况一般比较普遍（图 6–1–34）。

图 6–1–33　低温弱光引起的苦味瓜

图 6–1–34　高温引起瓜苦味

（4）湿度。苦瓜素是在干燥条件下产生的，如大棚中空气湿度较大，而土壤湿度较小，就会使植株发生“生理干旱”。在这种情况下，大量的苦瓜素会从茎叶转移到果实中，产生苦味。

3. 措施

（1）选择无苦味素或苦味素含量极微的优良品种。苦味具有遗传性，叶色深绿的苦味瓜多，因此对品种要有所选择。

（2）科学施用肥料，注意氮、磷、钾的配合施用，不要过量施用氮肥，保持生育平衡。

（3）小水勤浇，保证黄瓜整个生长期水分充足，使瓜条正常生长发育，在植株进入衰老期，要通过降温、控水和施用促进根系发生的激素，及早进行复壮。

（4）注意温度管理，管理温度不宜高，避免棚温长时间高于30℃或地温低于13℃，进入高温期特别要防止夜间温度过高，浇水不宜过大。

（5）叶面经常喷洒磷酸二氢钾等营养调节剂，也可以减少苦味瓜的出现。

（6）采用保温采光性能好的温室，实行合理稀植。

十三、黄瓜化瓜

1. 症状

黄瓜未达到商品成熟前，子房发育过程中停止发育，子房变黄或脱落的现象。化瓜在黄瓜生产上比较普遍，特别是塑料大棚等保护地内栽培的黄瓜，如果管理不善，化瓜率甚至达50%以上，严重影响产量。瓜条长到2~5厘米长，停止生长，萎蔫。

2. 原因

本质原因是小瓜在生长过程中得不到足够的营养物质而停止发育，具体原因包括植株徒长、雌花太多、植株营养不良、品种因素、单性结实能力差的品种未授粉受精以及低温、寡日照、高温干旱和缺肥等。

（1）品种原因，不同品种对肥水要求不同，化瓜率也不一样。

（2）高温引起化瓜，白天气温高于 32℃，夜间高于 18℃，正常光合作用受阻，呼吸作用骤增，造成营养不良而化瓜。同时高温条件下，雌花发育不正常，出现多种形状的畸形瓜。应采取措施，加强管理，防风降温。

图 6–1–35　低温寡照引起化瓜

（3）连续阴天、低温引起化瓜。连续阴天时，植物的光合作用和根系吸收能力受影响，造成营养不良而化瓜（图 6–1–35）。

（4）棚内二氧化碳浓度，棚室内夜间二氧化碳浓度可高达 500毫克 / 千克，而日出 2 小时后，植株吸收二氧化碳，使棚室内夜间二氧化碳浓度降到 100 毫克 / 千克，这样就影响黄瓜植株制造养分。

（5）密度对化瓜的影响，密度过大，化瓜率高，原因多种，主要是根系集中于地表，密度大时，根系竞争吸收养分，而地上部蔓叶、叶柄竞争空间气体，透光、通风性降低。

图 6–1–36　营养不足引起化瓜

（6）水肥对化瓜的影响，光合作用离不开水，同化物质的运转也是以水为介质进行的。如果水肥供应不足，光合产物减少，可能引起化瓜。若施肥不科学，氮过多，营养生长过旺，消耗大量养分，也引起化瓜。棚室内湿度过大也引起化瓜（图 6–1–36）。

（7）底部瓜对上部瓜的影响，从开花到收瓜 7~12 天要及时采收，否则底层瓜会夺走大量

养分，从而引起上部瓜化瓜。

（8）育苗技术不高引起化瓜，苗期温湿度、肥、水控制管理不科学，如过分干旱、低温，育出的苗“花打顶”，入棚室后管理不善，雌花分化过多，引起化瓜。

（9）激素浓度过大，配比不科学，着瓜太多引起化瓜。

图 6-1-37　病害引起的化瓜

（10）病虫害引起化瓜，黄瓜霜霉病等病害、温室白粉虱等虫害发生严重时，明显阻碍了植株产生养分供应瓜条，导致化瓜（图 6-1-37）。

3. 措施

（1）选择化瓜率低的品种。

（2）培育壮苗，适时定植，适当稀植，加强通风透光、培养壮根。施足基肥，及时追肥，进行二氧化碳施肥。补充二氧化碳，促进同化作用。均匀供水，避免土壤过干过湿。

（3）控制夜间温度，不要过高，以减少呼吸消耗。加强放风，防止白天温度过高，适当降低夜间温度，增加昼夜温差，促进瓜条营养物质积累。

（4）增加光照，选用无滴膜，保持膜面清洁，尽量早揭、晚盖草苫。

（5）早收根瓜。瓜码过密，坐瓜太多，要及时疏花疏瓜，防止小瓜互相争夺养分。

（6）注意保温、短期加温，提高棚温，促进黄瓜生长和结果。

（7）多施底肥有机肥，并深耕促进根系发达。注意肥水管理及病虫害防治，喷施叶面肥喷 0.1% 磷酸二氢钾 2~3 次，增产明显，可防止大量化瓜发生。

十四、黄瓜皴皮

1. 症状

瓜把上长皴俗称木栓果，属于生理性缺硼造成的。菜农一般认为是冷风吹的有一定道理，这只能加速木栓化，而不是长皴的根本原因。这种情况可以用含硼叶面肥解决。瓜条长皴多是药害和放风不当引起的。药害往往是药液浓度过高，或者喷施了多种农药发生了反应，也不排除劣质农药或过敏农药的作用，瓜条刺瘤一般消失。

图 6-1-38　蘸花引起的皴皮

2. 原因

（1）蘸花药剂的浓度过高。小黄瓜皮很薄，蘸花药中高效坐瓜灵浓度大，长期积累，或者为促雌花发育过量喷增瓜灵，都可造成小黄瓜表皮流胶、皴皮。另外，有的菜农为增加果皮亮度，在蘸花药中加入靓皮素，这会导致瓜皮对温湿度更敏感，当遇到不良天气时皴皮的概率大大增加（图 6-1-38）。

（2）放风过急。受天气的影响，棚室放风时间很短，棚内湿度大，瓜条表皮幼嫩。晴天后突然加大放风，导致棚室温度变化很大，干湿度变化更是剧烈，造成瓜皮生长速度与瓜肉生长速度不一，部分瓜皮组织坏死，形成一些细小的裂口并流出胶粒，随着裂口的增多，才在瓜条表面形成了皴皮。小黄瓜皮层很薄，如果水分变化过于剧烈，能够造成细胞老化、坏死，从而导致皴皮。大家在通风过程中，要循序渐进，不要过猛，特别是阴后突晴以及在低温期间早晨通风（图 6-1-39）。

图 6-1-39　通风引起的皴皮

（3）药害也能造成黄瓜皴皮。病毒病是危害小黄瓜的重要病害，而白粉虱是病毒病传播的主要途径，所以防治白粉虱是菜农的重要工作。而当前菜农多采用药剂防治，用药非常多或用药时间不当，都会出现药害，在果皮上形成一些凹陷的小斑，严重抑制果皮生长，后随着瓜条的生长，病斑连成片，造成皴皮。

（4）缺乏硼元素，导致瓜条皴裂。一旦硼元素供应和吸收不足，也会导致出现生理性的瓜条皴裂的现象。但缺硼引起瓜条皴裂时，往往植株也伴随出现明显的缺硼症状，如植株上部生长点叶缘干枯、部分叶片叶脉出现皱褶、雌花稀少、小瓜发育异常（图 6–1–40）。与上述三种原因引起的瓜条皴裂容易区分。瓜条皴后的伤口，容易感染细菌性病害，导致皴裂出现腐烂、流胶，分泌脓状物等。

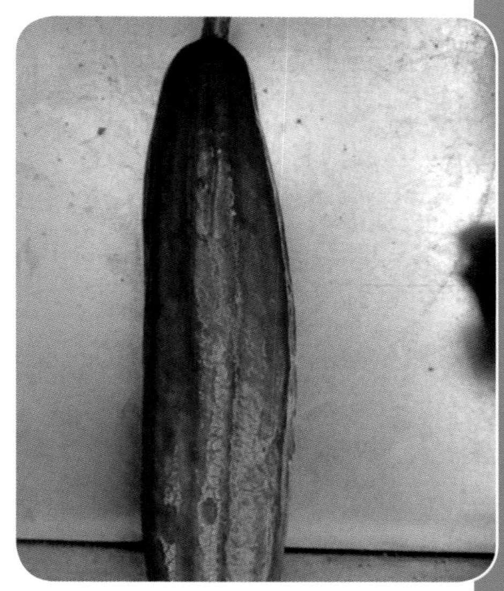

图 6–1–40　缺硼引起皴皮

3. 措施

（1）放风引起的皴皮只能依靠调节棚室内的温湿度加以解决。合理放风，避免瓜条急速失水，及时关注天气变化，晴天时，可采用早放风，放小风，逐渐增加放风量的措施加以防范，切不可在棚温达到 30℃以上时再一次性放大风，造成温湿度变化剧烈的情况发生。阴天时，即使棚温不太高，也要在上午 11 时前后进行短时放风以防止瓜条结露。注意补充硼肥，提高果皮韧性，增强对不良环境的适应能力。

（2）蘸花药剂的浓度过高引起的皴皮，通过叶面喷施爱多收 6 000 倍液或施顿灵 800 倍液缓解，以减少小黄瓜皴皮的发生。在配比蘸花药时一定要做好实验，避免因蘸花药使用不当导致小黄瓜大量皴皮，蘸花药浓度要随温度升高而降低。另外，为增加

果皮亮度应从调节营养上下功夫，建议及时补充钾肥，调节营养生长与生殖生长平衡，避免旺长，促进营养向瓜条供应。

（3）药害引起的皱皮黄瓜可及时摘除，然后叶面喷施芸薹素内酯混加细胞分裂素缓解药害，以利于下批小黄瓜的正常生长。防治虫害时可多采取物理防治，如设置黏虫板、安装防虫网等，采取药剂防治时要注意用量不宜过大，也不要在阴天喷施，建议连阴雨天后，先给瓜条留出一段时间的适应期，使瓜皮稍稍老化后再喷药防病。高温期间不要用药，也是大家一定要注意的，防止药剂刺激瓜面。

（4）根据黄瓜的生长情况，适时叶面补充硼元素。

十五、有花无果

1. 症状

黄瓜只开雄花无雌花，不结果。

2. 原因

（1）选择品种错误，没有选择保护地专用全雌品种（图6–1–41）。

（2）黄瓜植株体内细胞分裂失调所致。黄瓜植株在生长过程中茎蔓失调疯长，破坏黄瓜植株体的分枝能力，从而导致黄瓜植株只开雄花不开雌花，或只在蔓梢处开有限的几朵雌花（图6–1–42）。

图 6–1–41　品种问题引起

图 6–1–42　管理不善引起

3. 措施

（1）选择适合保护地不同茬口栽培的专门品种。

（2）严格控制瓜蔓疯长，保证黄瓜植株体生长健壮。

（3）采取化学调控措施即可收到良好的效果。当黄瓜的植株生长到 4 片以上的叶子，瓜蔓长出 30~40 厘米时，可以适当的施些助长素等促进黄瓜生长的肥料，帮助黄瓜更好的生长，制止黄瓜有花无果。

十六、黄瓜高温障碍

1. 症状

保护地栽培黄瓜，进入 4 月以后，随着气温逐渐升高，在棚室放风不及时或通风不畅的情况下，棚内温度有时可高达 40~50℃，有时午后可高达 50℃以上，对黄瓜生长发育能造成危害，即所谓高温障碍或大棚热害。育苗时遇有棚温高，幼苗出现徒长现象，子叶小，下垂，有时出现花打顶；成苗遇高温，叶色浅，叶片大且薄，不舒展，节间伸长或徒长。成株期受害叶片上先出现 1~2 毫米近圆形至椭圆形褪绿斑点，后逐渐扩大，3~4 天后整株叶片的叶肉和叶脉自上而下均变为黄绿色，尤其是棚内发病重，植株上部严重，发病初期在叶脉之间出现退绿色水渍状小斑点，形状、大小不一（图 6-1-43），随后逐渐发白，叶脉尚留有绿色，整张叶片成“麻花脸”。病斑表面不产生病原物，后斑块不断扩大，植株受害严重（图 6-1-44）。

图 6-1-43　前期水渍状斑点

图 6-1-44　后期麻花脸

2. 原因

（1）黄瓜的高温障碍是一种生理性病害，多发生在保护地早春栽培的黄瓜生长中后期，高温低湿是发病主要原因。

（2）由于连续阴雨季节过后天气转晴，气温回升快，光照强，植株中上部叶片，特别是日光棚顶膜，附近的叶片容易发生危害。

（3）在秋延后保护地黄瓜栽培中，由于光照强烈，加上浇水不当，也易造成高温障碍。

3. 措施

（1）选用耐热的品种。

（2）加强通风换气，采用盖苇席、遮阳网等使棚温保持在30℃以下。夜间控制在18℃左右，相对湿度低于85%。生产上有时即使把棚室的门窗全部打开，使棚温降下来，同时还要注意浇水，最好在上午8—10时进行，晚上或阴天不要浇水，同时注意水温与地温差应在5℃以内。

（3）黄瓜生育适宜相对湿度为85%左右。棚室相对湿度高于85%时应通风降湿，傍晚气温10~15℃，通风1~2小时，降低夜间湿度，防止“徒长”，避免高温障碍。

（4）采用配方施肥技术，适当增施磷、钾肥。

（5）持续高温干旱，棚室黄瓜蒸发量大，呼吸作用旺盛，这时消耗水分很多，要适当增加浇水次数。同时用喷雾器向叶面喷水。第2天，喷洒叶面肥进行植物保护。

十七、黄瓜叶烧病

1. 症状

黄瓜叶烧病多发生在保护地栽培中，植株中、上部叶片因受光照和水分等环境影响而产生。发病初期在叶脉之间出现褪绿水渍状小斑点，形状、大小不一，随后逐渐发白，叶脉尚留有绿色，整张叶片成“麻花脸”（图6–1–45）。

叶烧初期叶绿素减少，叶片的一部分变成漂白色，后变成黄色，枯死。叶烧轻者叶缘烧伤，重者半个叶片整个叶片烧伤（图6-1-46）。

图 6-1-45 叶片正面

图 6-1-46 叶烧危害背面

2. 原因

（1）黄瓜叶烧病是一种生理性病害，多发生在保护地早春栽培的黄瓜生长中后期。由于连续阴雨季节过后天气转晴，气温回升快，光照强，在植株中、上部叶片，靠近保护地的顶膜附近的叶片容易发生。

（2）在秋延后设施黄瓜栽培中，由于光照强烈，加上浇水不当，也易诱发此病。

（3）空气相对湿度低于 80% 时，遇到 40℃的高温就容易产生高温伤害，尤其是在强光照的情况下更为严重。高温闷棚控制霜霉病，处理不当极易烧伤叶片。

3. 措施

（1）加强棚室的通风管理，当阳光照射过强时，棚室内外的温差过大，不便通风降温或经过通风仍不能降低到所需的温度时，可采用遮光办法降温，揭去边膜或顶膜、覆盖遮阳网等。

（2）棚室内的温度过高、相对湿度过低时，可喷冷水雾。

（3）高温闷棚要严格掌握温度和时间，以龙头处的气温44~46℃，维持 2 小时安全有效。高温闷棚的前一天晚上一定要

灌足水，提高植株的耐热力。

（4）及时降低黄瓜茎蔓，使黄瓜茎蔓生长点与棚膜保持30厘米的距离；龙头接触棚顶时要弯下龙头。

十八、黄瓜叶片卷曲

1. 症状

植株上部叶片多发生上卷，颜色呈褐色。

2. 原因

（1）室内温度过高，植株上部叶片遭受高温烧伤（图6–1–47）。

（2）土壤干旱，叶片失水造成，这是植物的自我保护方式（图6–1–48）。

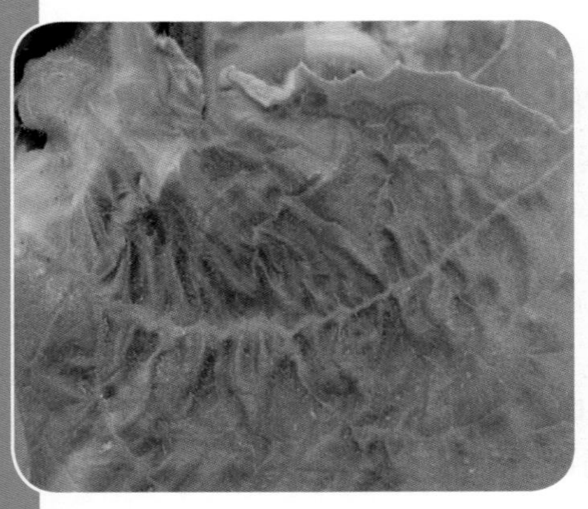

图6–1–47　高温引起

图6–1–48　干旱引起

（3）浇水过多，田间过涝，土壤中空气减少。

（4）追肥中，肥料施用方法不正确。

3. 措施

（1）室内温度过高时，及时通风降温。

（2）结合土壤中的含水情况，适时进行中耕，浇水。

（3）追施肥料要适量，不能一次性施用过多。

十九、黄瓜低温障碍

1. 症状

黄瓜喜温不耐寒，在 10℃下就会呈现生理障碍。在初春或晚秋，黄瓜植株遭遇寒流或突然降温、降雨等，引起黄瓜植株生长的障碍。0℃以上的低温称寒害，植株表现叶面黄白、斑点、皱缩、卷曲变小、萎蔫。0℃以下低温称冻害，植株萎蔫枯死。

黄瓜低温障碍黄瓜遇冰点以上低温即寒害，常表现出多种症状，轻微者叶片出现黄化，虽不坏死，但不能进行正常生理活动。低温持续时间长，造成不发根。苗期沤根，地上茎粗短不往上长，植株不伸展。还会造成花芽不分化，较重的引致外叶枯死或部分真叶枯死，严重植株呈水浸状，后干枯死亡。达冰点组织受冻，水分结冰，解冻后组织坏死、溃烂。

图 6–1–49　低温叶下垂

（1）尖叶下垂，出现枫树叶。夜温 15℃以上时，叶片呈水平状展开。在 15℃以下时，叶尖下垂，周缘起皱纹。低温下发育的叶子缺刻深，叶身长，像枫树叶状（图 6–1–49）。

（2）龙头呈“开花型”。生长发育和温度正常时，从侧面看龙头呈棉花蕾状，两片嫩叶围着顶芽。但若夜温低、低温低(肥料不足或受病虫为害)时，龙头呈开花状，即 2 片应围着顶芽的嫩叶展开，顶芽伸出。龙头呈开花型时，开花节位距顶端仅 20~30 厘米，有时开花好像在顶端（图 6–1–50）。

图 6–1–50　低温叶片簇拢

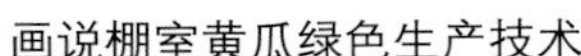

（3）水浸状叶。低温为害严重且持续时间长，温室湿度大而较少通风时，叶背面会出现“水浸症”。“水浸症”是由于夜间气温低，尤其在地温尚高时，细胞里的水分流到了细胞间隙中而引起的。植株长势好时，水浸状可在太阳出来后消失。但若植株衰弱或完全衰弱时，白天温度升高后水浸状也不消失，这样几经反复，细胞死亡，叶子枯死（图6–1–51）。

图 6–1–51　叶片水浸状

（4）出现虎斑叶。低温下叶面呈现虎斑状，即主脉间叶肉褪绿变黄。瓜条膨大受到抑制。这是由于光合作用制造的碳水化合物不能及时地向外部运转而在叶内沉积下来所造成的，严重时，整个叶片会随之黄化（图 6–1–52）。

图 6–1–52　低温引起虎斑叶

（5）出现缺硼或缺镁症。夜温降到生物学零度以下时，由于植株体素质变弱，或因为连年种植，过多施用化肥或有机肥少，地力下降等，使根对硼的吸收力下降，引起缺硼症。其主要症状是生长点生长停止。多铵、多钾、多钙、多磷可阻碍植株对镁的吸收，而温度低则可助长缺镁症状的发生。缺镁时，叶脉间叶肉完全褪绿，黄化或白化，与叶脉保存的绿色呈鲜明对比。

（6）上部叶片焦边：连阴雾天时间长，低温下降剧烈，如若土壤水分过大时，植株发生沤根现象。沤根后发生的新叶会出现焦边，高湿情况下叶边也会腐烂。出现这种情况时，若骤晴后处理不当又会造成 “闪死”苗的现象（图 6–1–53）。

（7）根部受害，土壤温度较长时间处于界限温度 (12℃）以下时，根系受到损伤，可能有两种情况：一是土壤干爽，湿度不大，一般表现为寒根，新根不发，老根呈铁锈色，逐渐死亡；二是土壤湿度大，出现沤根腐烂现象。受到低温冷害的根系再发新根一般都比较困难。如果等到温度恢复以后，任其自然恢复就要对生产产生更大的影响，应该采取措施促进根系尽快地恢复。植株地上部分的许多低温冷害症状是由于根系受到伤害所引起的。

图 6-1-53　低温焦边

（8）生长点受害，生长点受害有两种情况，一是定植后不久遇寒流，致使生长点直接被冻伤，天气转暖后仍不能恢复正常；二是在保温性能比较好，但在遭遇反复出现的低温连阴雾天气时，当温室持续出现较低的温度下，有时会在整个温室出现黄瓜生长点下的节位被冻伤水烂的情况，致使普遍成为无头株（图 6-1-54）。

（9）花果受害，正常情况下花和果直接受到低温冷害的现象并不明显，通常是因为营养器官受到损伤后对生殖器官产生了不利的影响所致。

图 6-1-54　低温引起秃尖

2. 原因

（1）品种选择错误，没有选择耐低温品种。

（2）覆盖措施不到位，覆盖无或者较少。

（3）没有注意到天气变化，没有采取措施进行保护。

3. 措施

（1）结合栽培茬口，选用耐低温品种，适期定植，要根据温

室或大棚实际能达到的温度条件，选择合适的定植时间，并且要根据天气预报选在冷尾暖头，起码需保证在晴天进行定植并在定植后能够遇有 4~5 个晴天。

（2）苗期进行低温锻炼，苗期经受一定的低温可提高抗寒力。

（3）根据温度的变化，在棚室上加盖双层草帘。塑料棚栽培时，除了充分利用外覆盖保温设备外，还可以增加二次覆盖或地膜覆盖来提高苗周围的气温和地温。

（4）及时收看天气预报，根据天气变化适时采取保护措施。

（5）冻后应特别注意缓慢升温，日出后应设法遮光，使黄瓜生理机能慢慢恢复，而不要快速升温，会导致黄瓜植株死亡。

二十、黄瓜沤根

1. 症状

沤根是育苗期常见的病害，发生沤根时，根部不发新根或不定根，根皮发锈后腐烂，致地上部萎蔫，且容易拔起（图 6–1–55）。

图 6–1–55　不定根较少

地上部叶缘枯焦，严重的整叶枯焦，生长极为缓慢。在子叶期出现沤根，子叶即枯焦；在某片真叶期发生沤根，这片真叶就会枯焦，因此从地上部瓜苗表现可以判断发生沤根的时间和原因。

2. 原因

（1）主要是地温低 12℃，且持续时间较长，再加上浇水过量或遇连阴雨天气，苗床温度和地温过低，瓜苗出现萎蔫，萎蔫持续时间一长，就会发生沤根。沤根后地上部子叶或真叶呈黄绿色或乳黄色，叶缘开始枯焦，严重的整叶皱缩枯焦，生长极为缓慢。

（2）在子叶期出现沤根，子叶即枯焦。在某片真叶期发生沤根，这片真叶就会枯焦，因此从地上部瓜苗表现可以判断发生沤根的时间及原因（图 6-1-56）。长期处于 5~6℃低温，尤其是夜间的低温，致生长点停止生长，老叶边缘逐渐变成褐色，致瓜苗干枯而死。

图 6-1-56　真叶枯焦

3. 措施

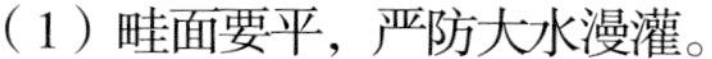

（1）畦面要平，严防大水漫灌。

（2）加强育苗期的地温管理，避免苗床地温过低或过湿，正确掌握放风时间及通风量大小。床土配制要合理，播后至苗期应保证适宜的土温。如遇阴雨天，光照不足时，应采取增温保温措施。冬季及早春育苗最好在棚室内采用电热温床进行育苗，以有利于保温。

（3）注意增加光照。育苗前，要选择光照充足的地方建苗床。这样有利于幼苗健壮生长发育，增强其抗病能力，减轻蔬菜苗期沤根的发生或蔓延。采用温床育苗，控制苗床温度在 16℃左右，一般不宜低于 12℃，使幼苗茁壮生长。

（4）适时通风。在子叶展开后，选择晴暖天气揭开覆盖物通风，并向苗床内均匀撒施一层细干土，随后盖严覆盖物，这样做既可降低床土湿度，又有一定的增温作用。发生轻微沤根后，要及时松土，提高地温，待新根长出后，再转入正常管理。

（5）及时中耕松土，提高地温并进行通风换气，降低棚内湿度和土壤含水量。

（6）施足农家肥。蔬菜育苗，要增施农家肥，尤其是热性肥，既可培肥地力，培育壮苗，提高蔬菜幼苗抗病能力，又可提高地温，减轻病害发生。具体做法：在蔬菜育苗前，将充分腐熟的热性农家肥捣碎与床土混拌。但必须用腐熟的热性农家肥，否则会造成烧根（图 6-1-57）。

图 6-1-57　农家肥堆放发酵腐熟

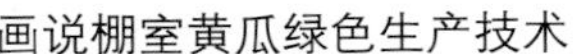

（7）及时降低湿度。在大棚或温室等保护地育苗时，一般苗床不明显干旱(表土手握不散团)时不浇水，应尽量少浇水或不浇水；明显干旱时浇水量也不宜过大。苗床内做到宁干勿湿。如果苗床过干，可覆盖湿润细土，这样既可缓解幼苗对水分的需求，又能降低苗床内的空气湿度。如果床内湿度过大，可覆盖草木灰，或在气温较高的中午适当进行通风排湿。

二十一、黄瓜药害

1. 症状

药害有急性、慢性两种。急性的喷药后几小时至 3~4 天出现明显症状，发展迅速。如烧伤、凋萎、落叶、落花、落果。慢性药害是在喷药后反应轻微，较长时间才引起明显反应，由于生理活动受抑，表现生长不良，叶片畸形，成熟推迟，风味变劣，籽粒不满等。

常见症状为以下几种。

（1）多效唑药害，叶部症状表现较明显且普遍，如出现五颜六色的斑点，局部组织焦枯，穿孔或脱落，或致叶黄化，褪绿或变厚畸形（图 6–1–58）。

（2）噻嗪酮药害，叶片出现五颜六色的斑点，局部组织焦枯，穿孔或脱落，或致叶黄化，退绿或变厚畸形（图 6–1–59）。

图 6–1–58　多效唑药害

图 6–1–59　噻嗪酮药害

（3）多菌灵药害，叶面产生乳白色不规则斑点。开始或结束喷药时，喷出雾化不好的较大药滴（图 6–1–60）。

（4）百菌清烟雾剂药害，主要受害部位是黄瓜的叶片，先从叶片边缘出现病斑，逐渐向内部发展，导致大叶脉间叶肉失绿、白化（图 6–1–61）。

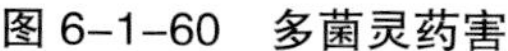

图 6–1–60　多菌灵药害

图 6–1–61　百菌清烟雾剂药害

2. 原因

（1）农药配比错误，药剂的浓度过大。

（2）喷药的时间错误，在高温情况下喷药。

（3）喷雾器械出现问题，导致液滴没有雾化。

（4）混配农药中没有按照要求进行混配。

3. 措施

（1）选择对黄瓜安全的农药。

（2）尽量避开在黄瓜耐药力弱的时期施药。一般苗期、花期易产生药害，需特别注意。

（3）正确掌握施药技术，严格按规定浓度、用量配药，做到科学合理混用，稀释用水要选河水或淡水。

（4）避免在炎热中午施药。因为在强光照高温下，作物耐药力减弱，药剂活性增强，易产生药害。

（5）采取补救措施， 幼苗轻微受害，通过加强管理，适当补施氮肥，促使幼苗早发转入正常生育。叶片或植株受害较重，应及时灌水，增施磷钾肥，中耕促进根系发育，增强恢复能力。如果喷错药剂，可喷洒大量清水淋洗，并注意排灌。

（6）加强肥水管理。药害发生后，根据药害程度，增施速效性氮肥，同时增加灌水次数，以保证充足的水肥供应。

（7）可在早期药液尚未完全渗透或被吸收时，迅速用大量清水喷洒叶片，反复冲洗 3~4 次，尽量把植株表面的药液冲刷掉，并配合中耕松土，促进根系发育，使植株迅速恢复正常生长。出现叶片急速扭曲下垂的，可立即喷白糖 100 倍液。一般可迅速解除药害。

图 6-1-62　叶片黄边

二十二、黄瓜肥害

1. 症状

肥害是施肥不当引起的黄瓜生理性病害。中上部叶缘呈整齐的“镶金边”（图 6-1-62），组织一般不坏死，上部叶骤然变小，部分叶片呈“降落伞”状，生长点紧缩。

图 6-1-63　叶片皱缩

施肥过量，造成轻度肥害时，黄瓜叶片浓绿、变厚、皱缩（图 6-1-63）。再严重一点，则在叶片的大叶脉之间出现不规则条斑，呈黄绿色或淡黄色，组织不坏死。更严重时，叶片边缘受到随“吐水”析出的盐分为害，出现不规则黄化斑，并造成部分叶肉组织坏死。肥害较轻时对产量影响较小，但却是施肥过量的一个信号。对肥害症状要正确识别，

不要误诊为其他病害而采取错误行动。

2. 原因

（1）由于一次性施肥过多，土壤溶液浓度过大而造成叶片盐分积聚，取出根系可见根已变锈，根尖钝；底部叶片边缘或叶脉间仍为绿色，其余部位变黄，病部和健部界限清晰，这是氨气积累危害的表现。

（2）在瓜苗定植前施入未腐熟的鸡粪，鸡粪排出大量氨气于已扣棚密闭的温室中，最易产生瓜苗氨害。

（3）主根受肥害则瓜苗表现心叶烂边；缺铁形成黄边叶，叶片黄化；缺锌上叶发黄，叶片变小；缺钙叶皱缩烂边；缺锰下部叶片似降落伞；缺硼上部叶片深绿，增厚卷缩，叶面积变小。

3. 措施

（1）应科学施肥，即增施有机肥，减少化肥施用量。对保护地栽培的黄瓜来讲，有机肥能够提高土壤对化学肥料的缓冲能力，且不会造成土壤盐渍化。

（2）应及时灌水，发现症状后，通过灌水，提高温度等措施来促进植株生长，一般 7~15 天后肥害会自行解除。

二十三、黄瓜二氧化硫气害

1. 症状

当棚室中二氧化硫的浓度达到 0.5~10 毫升 / 升时，就会对黄瓜造成危害，二氧化硫气体首先由气孔进入叶片，然后溶解浸润到细胞壁的水分中，使叶肉组织失去膨压而萎蔫，产生水浸状斑，最后变成白色，在叶片上出现界限分明的点状或块状坏死斑（图 6–1–64）。

图 6–1–64　叶片变白

图 6–1–65　水浸状斑破裂

受害较轻时，斑点主要发生在气孔较多的叶背面，严重时，斑点可连接成片（图 6–1–65）。

2. 原因

二氧化硫的产生多是由于在棚室黄瓜生长期间使用煤火加温引起。

3. 措施

（1）及时喷洒碳酸钡、石灰水、石硫合剂或 0.5%合成洗涤剂溶液。

（2）立即开窗换气，并适当浇水、追肥，以减轻危害。

二十四、黄瓜氨气害

1. 症状

幼苗叶色褪绿，叶缘呈烧焦状，向内侧卷曲；植株新叶叶脉间出现缺绿症导致心叶下 2~3 片叶褪色，叶缘呈烧焦状（图 6–1–66）。

棚室保护地氨害多发生于施肥后 3~5 天，中部叶片正面出现大小不一的失绿斑块或水浸斑块，叶尖、叶缘干枯下垂，且植株上部发病较重，发生比较突然（图 6–1–67）。

图 6–1–66　片叶褪色

图 6–1–67　叶缘干枯下垂

2. 原因

受害的幼芽及嫩叶四周呈开水烫伤状或水渍状，轻者叶片出现不定形的块状枯斑，叶缘呈灼伤状，重者植株根部由褐变黑色，丧失吸收肥水的功能，地上部分逐渐枯萎死亡，常被误诊为霜霉病或其他病症。对氨气敏感的蔬菜有黄瓜、番茄、西葫芦等。

3. 措施

（1）无论施用什么肥料，提倡以施用底肥为主、追肥为辅。

（2）施用有机肥作底肥的一定要充分腐熟，倡导施用生物有机复合肥作基肥。

（3）无论化肥或者有机肥只能深施，不能撒施在地面，施后要覆盖细土。

（4）底肥或者追肥 1 次不能过量施用，追肥更宜少量多次。追肥忌用碳酸氢铵，尿素以用水溶解后施用为好，但每亩每次用量不宜超过 25 千克。

（5）适墒施肥，或施后灌水，使肥料能及时分解释放。

（6）要经常在大棚内检查气体状态，可选用医药公司出售的 pH 值试纸，测定棚膜内水珠的 pH 值，当 pH 值在 8.2 以上，必须及时放风排气。若稍迟缓，就会发生中毒现象。

二十五、黄瓜二氧化氮气害

1. 症状

二氧化氮主要危害叶肉，它是从叶片气孔侵入叶肉组织的，先侵入的气孔部分成为漂白斑点状（图 6–1–68）。

图 6–1–68　片叶出现漂白斑点

严重时，除叶脉外叶肉全部漂白致死（图 6–1–69）。中位叶片首先发生，后逐渐扩展至上、下部叶片。危害的部分与健康部

图 6-1-69　漂白斑点处死亡

分的界限比较分明，从叶背看受害部分有下凹状。

2. 原因

二氧化氮的产生是由于土壤中施入过量的氮肥。一般情况下，施入土壤中的氮肥，都要经过有机态－铵态－亚硝酸态－硝酸态，最后的硝酸态氮供作物吸收利用。但如果土壤是强酸性或施肥量大，氮肥分解的过程就会在中途受阻，使得亚硝酸不能顺利转化为硝酸而在土壤中大量积累，在土壤强酸性条件下，亚硝酸变得不稳定而发生气化，产生亚硝酸气释放于空气中积累，当空气中二氧化氮浓度达到 2 毫克／千克时，就会有毒害产生。

发生气害还有一个重要条件，就是必须有经过在强酸、高盐浓度条件下驯化了的土壤微生物（反硝化细菌）的大量存在，在这一前提下，土壤高度酸化和铵的积累，才能发生二氧化氮气体的挥发。由于连作棚室的土壤里存在着大量的反硝化细菌，所以二氧化氮气害多发生在老的棚室里。

3. 措施

（1）实施配方施肥技术，特别注意不要一次施用过量氮肥。

（2）一旦发生亚硝酸气体，要注意放风及时排除。

（3）叶面喷施 1 000 倍液的小苏打，可以减轻危害，并有向棚室内释放二氧化碳的作用。

二十六、黄瓜花斑叶

1. 症状

俗称“蛤蟆皮叶”，初期叶脉间出现深浅不一的花斑，而后花斑中的浅色部分逐渐变黄，叶面凹凸不平，凸出部分褪绿，呈

白色、淡黄色或黄褐色（图 6–1–70）。

最后整个叶片变黄、变硬，叶缘向下卷曲（图 6–1–71）。

图 6–1–70　花斑叶

图 6–1–71　叶缘向下卷曲

2. 原因

（1）叶面凹凸不平是由于光合产物运输受阻而在叶片中积累所至，而叶片变硬和叶缘下垂则是由光合产物积累和生长不平衡共同导致的。

（2）叶片在白天进行光合作用所制造的糖分通常是在前半夜从叶片中输送出去的，如果夜温尤其是前半夜温度低于 15℃，则输送受阻。另外，低温特别是定植初期地温偏低，会阻碍根系发育，导致叶片老化，也会出现花斑叶。

（3）钙、硼不足同样会影响碳水化合物的正常外运。

（4）大量使用化学肥料，影响根的生长发育及吸收功能，甚至出现沤根，中午高温叶片短时蒸腾过量，表现脉间退绿，即出现花斑。

3. 措施

（1）合理施肥。有条件的采用配方施肥技术，施用全元肥料，注意不要缺少钙、硼、镁等微量元素，要注意增施有机肥或酵素菌沤制的堆肥。避免一次性大量施用。

（2）增施用有机肥做底肥，追施生物菌肥。

（3） 合理灌溉。灌水要均匀，不宜过分控水。根据黄瓜生长情况，及时浇水。

（4）及时通风换气，调节棚温。按黄瓜每天对温度的要求进行调控，上午保持 28~30℃，下午 25~30℃，前半夜保持在 15~20℃为宜。

（5）适时定植。寒冷季节注意夜间保温，适当提高夜间温度。棚室温度和土温达到 15℃时定植，短时间内温度低于此标准，要注意提高棚温和地温，以利根系发育、增强对肥水吸收能力，使碳水化合物运输正常。

（6）适时摘去除底叶老叶。

二十七、黄瓜顶梢扭曲

图 6-1-72　顶梢变细扭曲

1. 症状

表现为钙硼缺乏，出现顶梢扭曲（图 6-1-72）、生长点抑制等现象。

2. 原因

（1）连续多日的阴天寡照、出现地温较低的情况。

（2）连续大量使用化学肥料，土壤活性差。

（3）土壤中水分不足，影响根的生长发育及吸收功能。

3. 措施

（1）根据天气情况，适当减少通风量、提高棚温。采取下午适当提前盖棚，夜间增加覆盖保温。

（2）追肥中减少化肥用量，冲施生物菌肥、腐殖酸肥、氨基酸肥。

（3）根据植株生长情况，适时浇灌生根剂，促进生根。

（4）叶面施肥，喷施氨基酸钙、硼肥等调节剂、纯菌肥。

二十八、黄瓜芽枯病

1. 症状

叶缘失水青枯，随后烂头、黄化（图 6–1–73）、秃顶等，外围叶随叶片生长表现皱缩。主要分布在棚内近通风口较干旱处。

图 6–1–73　烂头、黄化

2. 原因

（1）连续大量使用化肥，造成土壤酸化板结，影响根的生长发育及吸收功能。

（2）土壤水分少，出现干旱情况，根系吸收差。

3. 措施

（1）根据植株生长情况，及时浇水，促进根系吸收水分和养分。

（2）追肥冲施生物菌肥，促进根系发育，减缓肥害。

（3）适时通风换气，避免高温时突然通风，加重叶缘干枯。

（4）叶面喷施水溶肥、叶面肥。

第二节　黄瓜缺素

一、黄瓜缺少氮肥或氮肥过量

1. 症状

黄瓜缺氮时，叶片小，上位叶更小；叶片从下向上顺序变黄，叶脉间黄化叶脉突出，后扩展至全叶。植株瘦弱，坐果少，果实生长发育不良，果实表现为“尖嘴瓜”且颜色变淡。缺氮严重时，整个植株黄化，不能坐果（图 6–2–1）。可通过施入硝酸铵及尿素等含氮化肥解决。

在黄瓜栽培中氮肥使用过量会造成植株徒长，节间变长，叶

片变大、变薄，从而引起黄瓜的各种病害和苦味瓜产生（图6–2–2）。

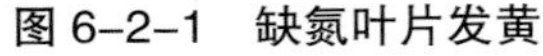

图6–2–1　缺氮叶片发黄

图6–2–2　氮肥过量叶片大而薄

2. 原因

（1）土壤本身含氮量低，土壤有机质含量低，有机肥施用量低，造成土壤供氮不足。

（2）种植前施大量未腐熟的作物秸秆或有机肥，碳素多，其分解时会夺取土壤中的氮。

（3）土壤板结，可溶性盐含量高，黄瓜根系活力减弱，吸收氮量减少，也容易表现出缺氮症状。

（4）产量高，收获量大，从土壤中吸收氮多，没有及时补充氮肥。

3. 措施

（1）施用新鲜的有机物做基肥，要增施氮肥。

（2）施用完全腐熟的堆肥，要深施。

（3）土壤板结时，可多施一些微生物肥。

（4）应急措施。可追施速效氮肥，溶解在灌溉水中，随浇水一起施入土中。也可叶面喷施 0.2% ~0.5%的尿素溶液。

二、黄瓜缺少磷肥

1. 症状

图 6–2–3　须根少

缺磷多发生于多年连作的酸性土壤中，须根不发达，坐果期及收获期推迟（图 6–2–3）。

叶片小，硬化，叶色浓绿，叶背面略带紫色（图 6–2–4）。植株茎秆纤细、木质化、生长缓慢。果实生长缓慢，成熟晚。后期老叶上出现油浸状斑，坏死或脱落。

2. 原因

图 6–2–4　叶片变小

（1）土壤含磷量低，堆肥施用量小，磷肥用量少易发生缺磷症。

（2）地温影响对磷的吸收。温度低，对磷的吸收就少，日光温室等保护地冬春或早春易发生缺磷。

（3）多年连作的酸性土壤容易缺磷。土壤如为酸性，磷变为不溶性，虽土中有磷酸的存在，但它也不能被吸收。

3. 措施

（1）早施、细施、集中施、分层施。黄瓜的苗期吸收磷最多。若苗期缺磷，会影响整个生育期的生长，要在苗期早施。施用时，要打碎过筛，以利于根系吸收。磷容易被土壤中的铁、铝、钙等元素固定而失效，故应穴施、条施。在底层和浅层都要施用磷肥。

（2）与有机肥、氮肥混施。特别是钙镁磷肥，必须与有机肥混合施用，可使磷肥中那些难溶性的磷，转化为黄瓜能吸收利用

的有效磷。磷肥与氮肥混合施用，可平衡养分，促进黄瓜根系下扎，为丰产打下基础。

（3）根外喷施。黄瓜的生长后期，根系老化，吸收养分的能力减弱，常造成缺磷。可用水溶性的1%过磷酸钙溶液喷洒叶片，一般在晴天的早上或傍晚喷施。

（4）因土壤而施。磷肥如过磷酸钙是酸性肥料，适宜中性、碱性土壤施用；而钙镁磷肥最好用在偏酸性土壤中。

（5）不能与碱性肥料混施。草木灰、石灰等均为碱性物质，若与磷肥混合施用，会使磷肥的有效性显著降低，对黄瓜增产不利。

三、黄瓜缺钾

1. 症状

黄瓜缺钾在黄瓜生长早期，叶片小，叶片青铜色而叶缘出现轻微的黄化，在次序上先是叶缘，然后是叶脉间黄化，顺序非常明显。在生育的中、后期，中部叶附近出现和上述相同的症状；叶片稍有硬化，叶缘枯死（图 6–2–5），随着叶片不断生长，叶向外侧卷曲，严重时叶缘呈烧焦状干枯。

瓜膨大伸长受阻，出现畸形果多，容易形成尖嘴瓜、大肚瓜或化瓜（图 6–2–6）。

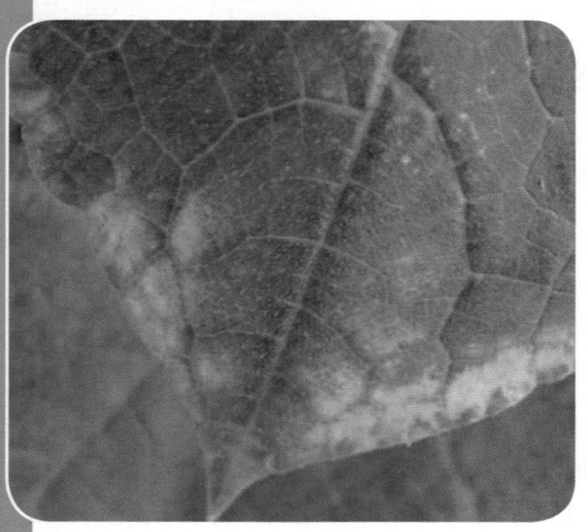

图 6–2–5　叶缘枯死

图 6–2–6　尖嘴化瓜

2. 原因

（1）土壤中含钾量低，施用堆肥等有机质肥料和钾肥少，易出现缺钾症。

（2）地温低，日照不足，过湿，施铵态氮肥过多等条件阻碍对钾的吸收。

3. 措施

（1）施入充足的钾肥，如硝酸钾或草木灰等。

（2）施用充足的堆肥等有机质肥料。

（3）在生长期如钾不足，可每亩施硫酸钾 15~20 千克，一次追施。

（4）在生长过程中可进行叶面喷施 0.2% ~0.3%的磷酸二氢钾溶液或 1%草木灰浸出液。

四、黄瓜缺钙

1. 症状

黄瓜缺钙一般发生于盐浓度高或长期使用含钙较低的复合肥的田块。因为钙不容易被转移，幼嫩部位容易受害。距生长点附近的叶片小，叶缘枯死，叶形呈蘑菇状或降落伞状（图 6–2–7），叶脉间黄化，叶片变小。

严重的造成黄瓜顶端龙头、卷须等黄化、腐烂（图 6–2–8）。

图 6–2–7　叶片降落伞状下垂

图 6–2–8　黄瓜龙头黄化

2. 原因

（1）土壤一般不缺钙，但在多肥、多钾、多氮情况下，钙的吸收受到阻碍，或遇有连阴天，地温低，根的吸水受到抑制。

（2）遇晴天，水分补充和钙的吸收不充足时，都可能发生缺钙症状。

3. 措施

（1）施用农家肥，增加腐殖质含量，缓冲钙波动的影响。

（2）土壤钙不足，可施用含钙肥料，如硅钙肥。

（3）平衡施肥，避免一次施用大量的钾肥和氮肥。

（4）要适时浇水，保证水分充足。

（5）在生长过程中，可进行叶面喷施 0.3%氯化钙水溶液补钙。

五、黄瓜缺镁

1. 症状

黄瓜缺镁主要发生于上部叶片及新叶（图 6–2–9）。

病部叶片叶脉间产生褐色小斑点，下位叶叶脉间逐渐黄化，严重时出现叶枯，除叶缘残存点绿色外，叶片黄白色，叶缘上卷，叶片枯死（图 6–2–10）。

图 6–2–9 顶叶发黄

图 6–2–10 叶脉间黄化

2. 原因

（1）土壤本身含镁量低。

（2）钾、氮肥用量过多，阻碍了对镁的吸收。尤其是大棚栽培反映更明显；收获量大，而没有施用足够量的镁肥。

3. 措施

（1）土壤缺镁，在栽培前要施用足够的含镁肥料。

（2）避免一次施用过量的、阻碍对镁吸收的钾、氮等肥料。

（3）在生长过程中，可用1%~2%硫酸镁水溶液，进行叶面喷施。10天喷1次，连喷2次即可缓解症状。

六、黄瓜缺锌

1. 症状

黄瓜缺锌时从中部叶片开始褪色（图6–2–11），叶面上出现小黄斑点，叶缘从黄化到变成褐色；因叶缘枯死，叶片向外侧稍微卷曲；果实短粗，果皮形成粗绿细白相间的条纹，绿色较浅；缺锌严重时，生长点附近的节间缩短，植株叶片硬化（图6–2–12）。

图6–2–11 叶片褪色

图6–2–12 顶部节间缩短

2. 原因

（1）土壤缺锌。

（2）土壤磷素过高，在土壤速效磷含量过高时，黄瓜容易出现缺锌症状。

（3）土壤 pH 值高，即使土壤中有足够的锌，但呈不溶解状态，根系不能吸收利用，也会造成缺锌。光照过强可使黄瓜缺锌症状加重。

3. 措施

（1）不要过量施用磷肥。

（2）缺锌时，可以施用硫酸锌，每亩用 1.5~2 千克。

（3）在严重缺铁时，用硫酸锌 0.1% ~0.3% 水溶液进行叶面喷施。

七、黄瓜缺铁

1. 症状

（1）叶片发黄，首先表现在生长旺盛的顶端，即生长点新叶鲜黄，新生黄瓜皮色发黄（图 6–2–13）。

图 6–2–13　苗期缺铁

目前，我国多数地区缺铁现象不严重，多是因其他营养元素投入过量引起的铁吸收障碍，如施硼、磷、钙、氮过多，或钾不足，均易引起缺铁。因铁和叶绿素合成有关，因此，缺铁表现为叶片黄化。

（2）开花结果后，果实生长慢，用表皮浅灰绿色，质地硬，不可食（图 6–2–14）。

2. 原因

（1）在石灰质土壤上，由于土壤偏碱，极容易发生缺铁。

（2）在大量施用磷肥的情况下，磷与铁结合成难溶性磷酸铁，也极容易发生缺铁现象。

（3）土壤干燥或过湿，根的吸收机能下降，也会使铁的吸收受阻。

图 6-2-14　结果期缺铁

3. 措施

（1）尽量少用碱性肥料，防止土壤呈碱性，土壤 pH 值应在 6~6.5。

（2）注意土壤水分管理，防止土壤过干、过湿。

（3）缺铁的土壤，每亩可施用 2~3 千克硫酸亚铁作基肥。

（4）在严重缺铁时，用硫酸亚铁 0.1% ~0.5% 水溶液或柠檬酸铁 100 毫克 / 千克水溶液，进行叶面喷施。

八、黄瓜缺硼

1. 症状

黄瓜缺硼主要发生于幼嫩部位，生长点附近的节间明显缩短，上位叶外卷，叶缘呈褐色，叶脉萎缩而使叶片皱缩（图 6-2-15）。

果实表皮出现木质化或有污点，叶脉间不黄化，根系不发达（图 6-2-16）。

图 6-2-15　叶脉萎缩、叶片皱缩

2. 原因

（1）在酸性的沙壤土上，一次施用过量的石灰肥料，易发生缺硼症状。

（2）土壤干燥影响对硼的吸收，易发生缺硼症，要适时浇水，

图 6-2-16　表皮木质化

防止土壤干燥。

（3）土壤有机肥施用量少，在土壤 pH 值高的田块也易发生缺硼。

（4）施用过多的钾肥，影响了对硼的吸收，易发生缺硼症。

3. 措施

（1）土壤缺硼，可预先增施硼肥，定植前每亩施用硼砂 0.5~1 千克；多施腐熟的有机肥，提高土壤肥力。

（2）要适时浇水，防止土壤干燥。

（3）增施磷肥，可促进对硼的吸收。

（4）在严重缺硼时用 0.12% ~0.25% 的硼砂或硼酸水溶液，进行叶面喷施。

九、黄瓜缺钼

1. 症状

植株中钼的含量与土壤 pH 值有关，黄瓜缺钼，通常在沙质土，酸性土及连作严重的土壤中发生较重。植株缺钼的早期症状与缺氮相似，叶脉间轻微变黄（图 6-2-17）；后期叶面凹凸不平，浓淡相间，且有枯死斑出现，叶缘卷曲或叶片枯萎，新叶扭曲（图 2-2-18）。

图 6-2-17　叶片变黄

图 6-2-18　叶缘卷曲

2. 原因

土壤中钼的可供给性与土壤的酸度有密切关系，土壤酸性强，钼的可供给性降低。

3. 措施

（1）施用钼肥。将钼酸铵、钼酸钠、三氧化钼、含钼玻璃肥料或含钼矿渣施入基肥，其中钼酸铵、钼酸钠也可进行叶面喷施。

（2）施用石灰。在酸性土壤上施用石灰来中和土壤酸度，可提高钼肥肥效。土壤酸度下降后，土壤中的钼的可供给性提高，能够提供较多的钼来满足黄瓜对钼的需要。因此，在酸性土壤上施用钼肥时，要与施用石灰以及土壤 pH 值一起考虑，才能获得最好的效果。

（3）均衡施肥。钼、磷、硫三元素间存在着复杂的关系，相互影响并相互制约。钼、磷、硫的缺乏常会同时发生。在农作物对磷和硫的需要未满足以前，可能不表现出缺钼现象，施用钼效果也较差。在施用磷肥以后，植物吸收钼的能力增高，钼肥效果提高。所以施用磷肥以后，最容易出现缺钼现象。磷肥与钼肥配合施用，常会表现出好的肥效。硫也会加重钼的缺乏，在施用含硫肥料以后，容易出现缺钼现象，但是情况与磷不同，硫酸根与钼酸根离子争夺植物根上的吸附位置，互相影响吸收；含硫肥料使土壤酸度上升，降低了土壤中钼的可给性。锰过量会阻碍黄瓜对钼的吸收，导致钼的缺乏。

（4）叶面喷施 0.02%~0.005%的钼酸铵水溶液，或在灌溉水中施用钼酸钠，或在土壤中施用生石灰，以改善土壤中 pH 值。

十、 黄瓜硼过剩

1. 症状

硼过剩症状表现为种子发芽出苗，第 1 叶片顶端呈褐色，向内卷曲，后全叶黄化（图 6-2-19）；幼苗生长初期，下位叶的叶缘黄化或叶片的叶缘呈黄白色，其他部位叶色不变（图 6-2-20）。

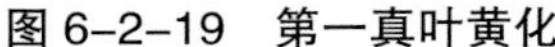

图 6-2-19　第一真叶黄化

图 6-2-20　幼苗期危害

2. 原因

（1）前茬施用硼砂较多或浇灌含硼的工业污水。

（2）黄瓜叶缘黄化可能是盐类含量多或土壤中钾过剩。

（3）人为施用硼素，土壤 pH 值小于 7。

3. 措施

（1）在土壤休闲期施用石灰，或在作物生长期施用碳酸钙（白粉），以提高土壤的酸碱度，使得 pH 值大于 7，降低硼的溶解度。

（2）在黄瓜生长过程中，发现硼过剩可浇大水，用水稀释溶解淋失。土壤中的硼过量时，可以通过浇大水将溶解到水中的硼淋洗走一部分，浇大水后结合施用石灰或碳酸钙效果更好。

十一、黄瓜锰过剩

1. 症状

植株生长停止；叶片沿着叶脉的周围变为褐色；在叶柄上仔细观察可见到细微的黑褐点；黄瓜锰过剩多发生于棚室保护地，一般在下部或中部叶片发生。发病是从下位叶开始依次向上位叶发展（图 6-2-21）。

图 6-2-21　叶脉周围褐色

2. 原因

（1）播种前没有进行过高温消毒。

（2）土壤 pH 值是呈酸性则可以考虑锰过剩，呈碱性时一般不发生锰过剩的情况；用放大镜观察叶柄部的茸毛，如果变成黑褐色，进一步发展则褐变沿着叶脉逐渐扩大，发病是从下位叶开始向上位叶发展。锰过剩的症状与抗病品种上的霜霉病、低温多肥和某些病毒病的症状等相似。

3. 措施

（1）土壤中锰的溶解度随着 pH 值的降低而增高，所以，施用石灰质肥料，可以改变土壤酸碱度，从而降低锰的溶解度。

（2）采用高温或药物进行土壤消毒时会增加锰的溶解度，在土壤消毒过程中，由于高温、药剂作用等，使锰的溶解度加大，为防止锰过剩，消毒前要施用石灰质肥料。

（3）防止土壤湿度过大，避免土壤长时间处于还原状态。

（4）不要过量地使用含锰的药剂。

第三节　黄瓜病毒性病害

一、症状

黄瓜花叶病毒病为系统侵染病害，新叶呈黄绿相间的花叶状，病叶且皱缩，叶片变厚，严重时叶片反卷（图 6–3–1）。

图 6–3–1　叶片皱缩

茎部节间缩短，茎畸形，严重时病株叶片枯萎，瓜条呈深绿色及浅绿色相间的花斑，表面凹凸不平，瓜条畸形。整个生育期均可感病，苗期染病子叶变黄枯

图 6-3-2　叶片黄化

萎，幼叶现浓、淡绿相间的花叶斑驳（图 6-3-2）。成株染病开始嫩叶呈黄绿相间状花叶，有明脉，病叶小不舒展，后出现皱缩，严重的叶反卷，质脆，植株矮化，下部叶片逐渐黄枯。瓜条染病，出现深、浅绿相间状斑块，果面凹凸不平或畸形。重病株，节间短且弯曲，上簇生小叶，不能结瓜，导致萎缩。

二、发病规律

种子和土壤传毒，遇有适宜的条件即可进行初侵染，种皮上的病毒可传到子叶上，20 天左右致幼嫩叶片显症。此外，该病毒易通过手、刀子、衣物及病株污染的地块及病毒汁液借风雨或农事操作传毒，进行多次再侵染，田间遇有暴风雨，造成植株互相碰撞枝叶摩擦或锄地时造成的伤根都是侵染的重要途径，高温条件下发病重。土壤黏重、偏酸；多年重茬，土壤积累病菌多的易发病。

氮肥施用太多，生长过嫩，播种过密、株行间郁闭，抗性降低的易发病。肥力不足、耕作粗放、杂草丛生的田块易发病。种子带菌或用易感病种子易发病。

三、防治方法

1. 农业防治

（1）选用适合当地栽培习惯的抗耐病毒品种。如津研 7 号、长春密刺、中农 5 号、中农 6 号、鲁春 32 等品种等。

（2）播种前进行种子消毒，将种子用 10% 的磷酸三钠溶液浸种 20 分钟，然后用清水洗净后再播种。或将干燥的种子置于 70℃恒温箱内干热处理 72 小时。

（3）采用营养土或营养钵育苗，培育壮苗，适期定植，抵抗病毒发生。

（4）合理轮作倒茬，减少病毒毒源。一般与非寄主作物实行 2 年以上的轮作倒茬。同时，加强田间管理，增施肥料，促进植株生长，减轻毒源和损失。

（5）清除田间杂草，消灭毒源，切断传播途径。

（6）加强栽培管理。育苗时可用遮阳网降温、遮光。采用纱网育苗，阻避蚜虫（图 6–3–3）。

图 6–3–3　纱网覆盖驱避蚜虫

田间施足有机肥，增施磷、钾肥，定期或不定期喷施叶面营养剂，使植株稳健生长，提高抗病力。浇水要适时适量，防止土壤过干。田间操作尽量减少健、病株接触，中耕时减少伤根。农事操作中，接触过病株的手和农具应用肥皂水冲洗。吸烟后先用肥皂水洗手再进行农事操作，防止接触传染。 避免在阴雨天气整枝。打杈、绑蔓、授粉、采收等农事操作注意减少植株碰撞 。

（7）发病初期及时拔除零星病株，带出田外销毁。

2. 物理防治

（1）利用蚜虫的趋化性，用黄板涂机油以粘杀蚜虫（图 6–3–4）。

（2）田间铺银灰地膜或黑地膜对蚜虫也有明显的防治作用。

图 6–3–4　黄板涂机油黏虫

3. 生物防治

早期迁飞的蚜虫，可用 0.65% 茼蒿素水剂 300~400 倍液，或用 2% 宁南霉素水剂 200~260 倍液，或用 1.5% 植病灵乳剂 1 000 倍液，或用 83% 增抗剂 100 倍液喷雾。隔 10 天左右 1 次，防治 1~2 次。

4. 化学防治

（1）病毒钝化物质，如生豆浆、牛奶等高蛋白物质，清水稀释 100~200 倍液喷于黄瓜植株上，可减弱病毒的侵染能力，钝化病毒。

（2）发现早期迁飞的蚜虫，可用 10% 吡虫啉可湿性粉剂 2 000~3 000 倍液，或用 20% 病毒 A 可湿性粉剂 400~500 倍液，或用 0.5% 抗毒剂 1 号水剂 250~300 倍液，或用 50% 抗蚜威可湿性粉剂 2 000~2 500 倍液喷雾。隔 10 天左右 1 次，防治 1~2 次。

第四节　黄瓜真菌和细菌性病害

一、黄瓜褐斑病

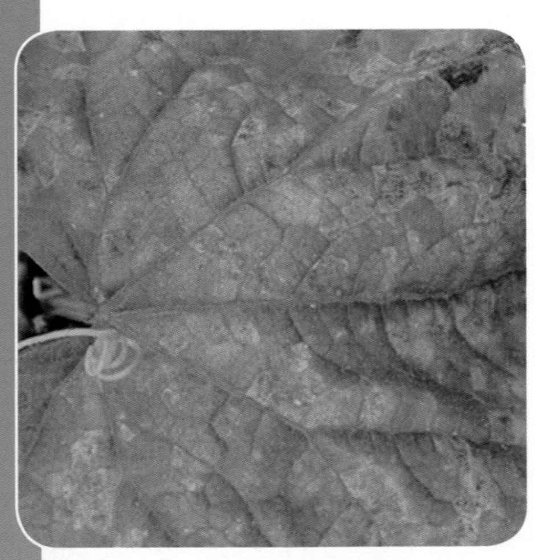

图 6–4–1　染病前期

1. 症状

一般从盛瓜期开始发病，中、下部叶片先发病，向上发展。初期在叶面生出灰褐色小斑点，逐渐扩展成大小不等的圆形或近圆形边缘不太整齐的淡褐色或褐色病斑（图 6–4–1）。

病斑多数直径 8~15 毫米，小的 3~5 毫米，大的 20~25 毫米。后期病斑中部颜色变浅，有时呈灰白色，边缘灰褐色。湿度大时病斑正、背面均生稀疏的淡灰褐色霉状物。有时病斑相融合，叶片枯黄。发病重时，茎蔓和叶柄上也会出现椭圆形的灰褐色病斑（图 6–4–2）。

2. 发病规律

黄瓜种子可以带菌，带菌率不高，从南瓜种子上可以分离到

图 6-4-2　染病后期

较多病菌。黄瓜种子不带菌，当与南瓜嫁接时，南瓜种子所带病菌也能成为初侵菌源。病菌在土壤中越冬，借气流或雨水飞溅传播，进行初次侵染，初侵后形成的病斑所生成的分生孢子借风雨向周围蔓延。分生孢子传播多在白天进行，以 10:00–14:00 时为传播盛期。病害以 25~28℃、饱和相对湿度下发病重，温、湿条件适宜，病菌很快侵入，昼夜温差大的环境条件会加重病情。植株衰弱，偏施氮肥，微量元素硼缺乏时发病重。增施磷、钾肥能减轻病情。

3. 防治方法

（1）农业防治。

① 发病田应与非瓜类作物进行 3 年以上轮作。

② 彻底清除田间病残株，并深翻土壤，以减少田间初侵菌源。

③ 引进或利用抗病品种。选择无病种子，黄瓜与南瓜嫁接时，要注意南瓜种子也要不带菌。用 55℃温水浸泡黄瓜种子和嫁接用的黑籽南瓜种子 30 分钟。

④ 加强栽培管理，培育无病苗。用新土育苗，施足有机肥作为基肥，适时追肥，避免偏施氮肥，增施磷、钾肥，适量施用硼。

⑤ 地膜覆盖浇水，不要大水漫灌，每次浇水后注意及时放风降湿，改善通风透气性能。增加光照，创造有利于黄瓜生长发育、不利于病菌萌发侵入的温湿条件。

⑥ 经常巡视，发现染病叶片及时摘除。

（2）化学防治。发病初期及时用 65% 甲霉灵（硫菌・霉威）可湿性粉剂 1 000 倍液，或用 75% 百菌清可湿性粉剂 500 倍液，或用 70% 代森锰锌可湿性粉剂 500 倍液，或用 20% 氟硅唑咪鲜

胺 800~1 200 倍液，或用 50%福美双可湿性粉剂加 65%代森锌可湿性粉剂（1：1）500 倍液，交替用药间隔 5~7 天喷 1 次，连续防治 2~3 次。

二、黄瓜霜霉病

1. 症状

图 6-4-3　苗期感染

黄瓜霜霉病，俗称“跑马干”“干叶子”，主要为害叶片和茎。病斑多呈多角形。发病严重时，病斑连成片，全叶枯黄，叶缘上卷。潮湿时叶背面病斑上生灰霉，由下向上蔓延。黄瓜霜霉病在整个生育期均可发病。主要为害叶片。苗期被害，初呈退绿色黄斑、扩大后变黄褐色（图 6-4-3）。

真叶染病，叶缘或叶背面出现水浸状病斑，早晨尤为明显，病斑逐渐扩大，受叶脉限制，呈多角形淡褐色或黄褐色斑块（图 6-4-4）。

湿度大时叶背面或叶面长出灰褐色霉层，即病菌包囊梗及孢子囊（图 6-4-5）。

图 6-4-4　叶片正面

图 6-4-5　叶片背面

后期病斑破裂或连片，致叶缘卷缩干枯，严重的田块一片枯黄（图 6-4-6）。该病症状的表现与品种抗病性有关，感病品种如密刺类呈典型症状，病斑大，易连接成大块黄斑后迅速干枯；抗病品种如津研、津杂类叶色深绿型系列、病斑小，退绿斑持续时间长，在叶面形成圆形或多角形黄褐色斑，扩散速度慢，病斑背面霉稀疏或很少，一般较前者迟落架 7~12 天。

图 6-4-6　大田感染

2. 发病规律

黄瓜霜霉病病原属鞭毛菌亚门霜霉菌。孢子囊在温度 15~20℃，空气相对湿度高于 83% 才大量产生，且湿度越高产孢越多，叶面有水滴或水膜，持续 3 小时以上孢子囊萌发和侵入。夜间由 20℃ 逐渐降低到 10℃，叶面有水 12 小时，此菌才能完成发芽和侵入。田间始发期均温 15~16℃，流行气温 20~24℃；低于 15℃ 或高于 30℃ 病发受抑制。该病主要侵害功能叶片，幼嫩叶片和老叶受害少。对于 1 株黄瓜，该病侵入是逐渐向上扩展的。发病温度为 16~24℃，低于 10℃或高于 28℃，较难发病，低于 5℃或高于 30℃，基本不发病。适宜的发病湿度为 85% 以上，特别在叶片有水膜时，最易受侵染发病。湿度低于 70%，病菌孢子难以发芽，低于 60%，病菌孢子不能产生。

3. 防治方法

（1）农业防治技术。

① 选用抗病品种。选用鲁春 26 号，津春 2 号、津春 3 号、津春 4 号、津杂 2 号、津杂 3 号、津杂 4 号，中农 2 号、中农 5 号、中农 7 号、中农 8 号、中农 1101 号，天津密刺、碧春、杭州青皮、日本小青瓜等，可根据不同栽培条件因地制宜选用。

图 6-4-7　轮作玉米

② 进行种子处理。用 50℃温水恒温浸种 20 分钟，捞出后冷浸 3~4 小时，进行药剂拌种，可选用 70% 甲基托布津可湿性粉剂按用药量为种子重量的 0.3% 拌种，拌种后催芽播种。

③ 与禾本科作物轮作或实行水旱轮作（图 6-4-7），推行套种技术，如辣椒间作套种黄瓜。

④ 清洁菜园，病区灭菌处理。黄瓜收获后，拔除残株败叶集中沤肥或烧毁，以减小残留在田中的病原数量。

⑤ 培育壮苗。选好苗床，进行苗床消毒，培育无病壮苗，可用 50% 福美双、58% 甲霜灵锰锌可湿性粉剂等量混合，每平方米用混合药 8 克、加细干土 20 千克混匀制成药土，1/3 撒入苗床，2/3 盖种。

⑥ 加强栽培管理。栽培无病苗，改进栽培技术。起垄栽培，地膜覆盖，施足有机肥基肥，浇小水。育苗温室与生产温室分开，减少苗期染病。采用营养土块、育苗盘钵育苗，注意育苗棚温湿度调节，温度较高湿度低，无结露发病少。定植要选择地势高、平坦、易排水地块，采用地膜覆盖，降低棚内湿度；生产前期尤其是定植后结瓜前应控制浇水，并改在上午进行，以降低棚内湿度；适时中耕，提高地温。黄瓜生长后期，叶面喷施 0.1% 尿酸加 0.3% 磷酸二氢钾，可提高植株抗病力。

（2）物理防治技术。高温闷棚：利用霜霉病病原菌分生孢子 30℃以上活动缓慢、42℃以上停止活动甚至死亡的特性，在霜霉病发生初期采用高温闷棚的方法处理 1~2 次，能有效控制该病的流行。选晴天上午 10:00 左右关闭大棚，使棚内温度尽快升至 45~50℃，保持 2 小时，然后缓慢放风降温（图 6-4-8）。

生产中注意如下几点。

① 苗期或植株生长弱的大棚不宜采用。

② 连续阴雨天后忽然转晴禁止采用此法闷棚。

③ 闷棚的前 1 天或当天上午必须浇水，以保证黄瓜的需水和棚内的湿度，防止高温干燥造成黄瓜灼烧。

④ 闷棚期间，应不断检查棚内温度计的温度变化和黄瓜生长点的情况，严防高温灼伤。

图 6–4–8　晴天高温闷棚

（3）生物防治技术。芽孢杆菌 Z–X–3、Z–X–10 对黄瓜霜霉病菌的萌发有良好的抑制作用，对黄瓜霜霉病的治疗和保护效果甚至超过了化学药剂。

（4）生态防治。

① 变温管理。结瓜期晴天日出后，使棚温迅速上升到 25~30℃，达到 30℃时通风，使温度最高不超过 33℃；下午适当通风使温度降至 20~25℃；上半夜温度控制在 15~20℃，后半夜控温在 10~13℃。阴天、下雨天应适当通风。当外界最低气温高于 12℃时可整夜通风。

② 湿度调节。霜霉病菌孢子产生的适宜相对湿度为 85% 以上，将棚内的相对湿度控制在 70% 以下，能有效防止霜霉病的发生。在外界气温高于 18℃时，开棚通风，降低棚内湿度（图 6–4–9）。

图 6–4–9　通风排湿

（5）化学防治。

① 喷雾法，用 75% 百菌清可湿性粉剂 500~600 倍液，或用 72.2% 普力克水剂 600~800 倍液，58% 甲霜灵锰锌可湿性粉剂 500~600 倍液，或用 40% 乙膦铝可湿性粉剂 300~400 倍液，或用 25% 甲霜灵可湿性粉剂 400~600 倍液、

64%杀毒矾可湿性粉剂 400~500 倍液，间隔 7 天交替喷药。各种农药交替使用，可以防止产生抗药性，提高防治效果。

② 烟雾法。结瓜后发病初期应用百菌清烟雾剂是保护地省工省力、简便有效的防治方法，每亩用量 200~250 克，分放在棚内 4~5 处，用香或卷烟等暗火点燃，发烟时闭棚，熏一夜，次晨通风，隔 7 天熏 1 次，可兼治白粉病、灰霉病等真菌性病害。

③ 粉尘法。粉尘法于发病初期傍晚使用喷粉器喷撒 5% 百菌清粉尘剂，或用 10% 多百粉尘剂、10% 防霉灵粉尘剂，每亩每次 1 千克，隔 9~11 天喷 1 次。

三、黄瓜白粉病

1. 症状

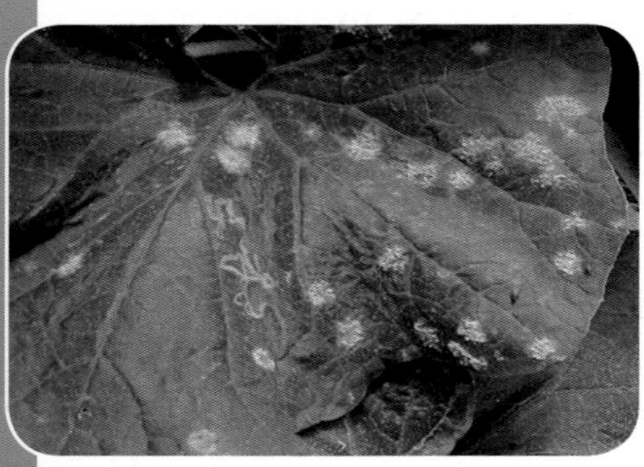

图 6-4-10　发病前期

图 6-4-11　发病后期

黄瓜白粉病俗称“白毛病”，以叶片受害最重，其次是叶柄和茎，一般不危害果实。发病初期，叶片正面或背面产生白色近圆形的小粉斑，逐渐扩大成边缘不明显的大片白粉区，布满叶面，好像撒了层白粉（图 6-4-10）。

抹去白粉，可见叶面褪绿，枯黄变脆。发病严重时，叶面布满白粉，变成灰白色，直至整个叶片枯死。白粉病侵染叶柄和嫩茎后，症状与叶片上的相似，唯病斑较小，粉状物也少（图 6-4-11）。在叶片上开始产生黄色小点，而后扩大发展成圆形或椭圆形病斑，表面生有白色粉状霉层。一般情况下部叶片比上部叶片多，叶片背面比正面多。霉斑早期单独分散，后联合成一个大霉斑，甚至可以覆盖全叶，严重影响光合作用，使正常新陈代

谢受到干扰，造成早衰，产量受到损失。

2. 发病规律

病原菌为真菌，为专性寄生病，可常年寄生于寄主植物上，成为初侵染源。该病菌的发病适温在 20~25℃，对空气相对湿度要求不严格，在 25% 左右的空气相对湿度条件下，病害也可发生及流行。北方地区病菌以闭囊壳随病残体在地上，或花房月季花，或保护地瓜类作物上越冬，南方地区以菌丝体或分生孢子在寄主上越冬越夏。翌年条件适宜时，分生孢子萌发借助气流或雨水传播到寄主叶片上，5 天后形成白色菌丝状病斑，7 天成熟，形成分生孢子飞散传播，进行再侵染。浙江地区黄瓜白粉病发生盛期主要在 4 月上中旬和 6 月下旬危害保护地黄瓜，长江流域 9 月下旬至 11 月上中旬亦有发生危害。保护地栽培黄瓜因通风不良、栽培密度过高、氮肥施用过多、田块低洼而发病较重。病菌借气流传播，条件合适时可进行多次再侵染。在植株生长中、后期容易发生。空气干燥的环境中发病重。

3. 防治方法

（1）农业防治。

① 选用抗病品种。如津研 2 号、津研 4 号、津研 6 号，津杂 1 号、津杂 2 号等。

② 加强栽培及肥水管理。增施磷钾肥，以提高植株的抗病力。注意棚室通风、透光、降湿。起垄栽培。

③ 阴天不浇水，晴天多放风，降低温室或大棚的相对湿度，防止温度过高。

（2）化学防治。

① 以防为主，喷雾保护剂。如 50% 硫悬浮剂 500~600 倍液，40% 达科宁悬浮剂 500~600 倍液，75% 百菌清 500~600 倍液，80% 大生 M-45 可湿性粉剂 500~600 倍液。

② 喷内吸性杀菌剂。如用 50% 多菌灵可湿性粉剂 600~800 倍液，或用 40% 福星乳油 6 000~8 000 倍液，或用 10% 世高水分

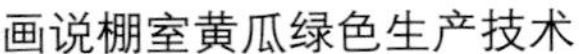

散性颗粒剂 2 000~3 000 倍液，或用 25% 晴菌唑乳油 5 000~6 000 倍液，或用 50% 托布津可湿性粉剂 800~1 000 倍液，间隔 7 天交替喷药，连喷 2~3 次 。

注意：使用保护剂要早，若病害已盛发，应使用具内吸性杀菌剂，连续 2~3 次，间隔期一般为 7~10 天。对瓜类比较敏感的药剂主要有粉锈宁、福星，粉锈宁对白粉病的防治效果很好，但不能在黄瓜上使用。因为粉锈宁会严重抑制黄瓜的生长，使用时要慎重。

四、黄瓜枯萎病

1. 症状

黄瓜枯萎病为真菌性病害，又称萎蔫病、死秧病、蔓割病，是瓜类蔬菜的重要病害，在整个生长期均能发生，以开花结瓜期发病最多。苗期发病时茎基部变褐缢缩、萎蔫碎倒。幼苗受害早时，出土前就可造成腐烂，或出苗不久子叶就会出现失水状，萎蔫下垂(猝倒病是先猝倒后萎蔫)。成株发病时，初期受害植株表现为部分叶片或植株的一侧叶片，中午萎蔫下垂，似缺水状，但早晚恢复，数天后不能再恢复而萎蔫枯死（图 6–4–12）。

图 6–4–12　发病植株逐渐死亡

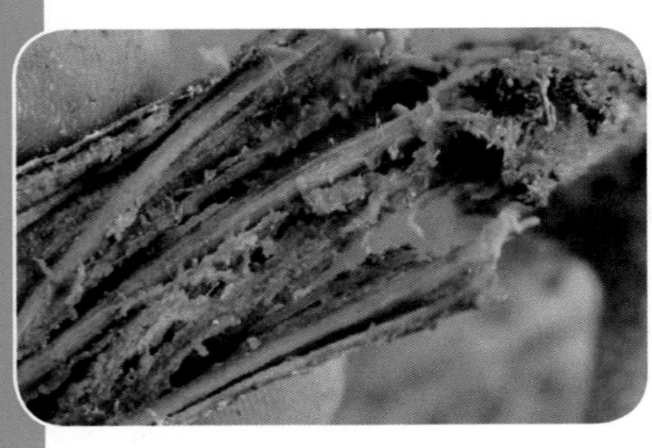

图 6–4–13　维管束变褐色

主蔓茎基部纵裂，撕开根茎病部，维管束变黄褐色到黑褐色并向上延伸（图 6–4–13）。

潮湿时，茎基部半边茎皮纵裂，常有树脂状胶质溢出，上有粉红色霉状物，最后病部变成丝麻状。根系生长不良，根毛较少(图 6–4–14）。

2. 发病规律

图 6–4–14　根毛少

真菌性病害，病菌以菌丝体、菌核和厚垣孢子在土壤、病残体和种子上越冬，成为第 2 年的初侵染源。病菌在土壤中可存活 5~6 年或更长的时间，病菌随种子、土壤、肥料、灌溉水、昆虫、农具等传播，通过根部伤口和根毛顶部细胞间隙侵入，在维管束内繁殖，并向上扩展，堵塞导管，产生毒素使细胞致死，植株萎蔫枯死。土壤中病原菌量的多少是当年发病程度的决定因素之一。重茬次数越多病害越重。土壤高湿是发病的重要因素，根部积水，促使病害发生蔓延。高温是病害发生的有利条件，病菌发育最适宜的温度为 24~27℃，土温 24~30℃。氮肥过多以及酸性土壤不利于黄瓜生长而利于病菌活动，在 pH 值为 4.5~6 的土壤中枯萎病发生严重，地下害虫、根结线虫多的地块病害发生重。

3. 防治方法

（1）农业防治。

① 选用抗病品种，如津杂 1 号、津杂 2 号、津研 7 号，中农 5 号、中农 7 号、中农 8 号，山农 1 号、早丰 52 号、早青 2 号、津春 3 号等。

② 种子消毒处理，用 55℃的温水浸种 10 分钟；或在 70℃的恒温条件下，将种子处理 72 小时；或 50% 多菌灵 500 倍液浸种 1 小时，捞出后冲净催芽。

③ 选用无病新土育苗，采用营养钵育苗。用纸袋或塑料杯育苗，定植时不伤根，而且缓苗快，提高黄瓜苗期的抗病能力。

④ 与非瓜类作物实行 5 年以上的轮作， 有条件的地方进行水旱轮作处理（图 6–4–15）。

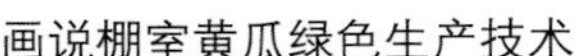

图 6-4-15 水旱轮作

⑤ 嫁接处理，采取南瓜作砧木嫁接栽培，可以解决黄瓜重茬和枯萎病问题。定植时，黄瓜与南瓜嫁接的接口处须距离地面有一定的高度，以避免黄瓜接触地面再长新根，失去嫁接防病的作用。

⑥ 及时清洁田园，土壤处理，黄瓜收获后及时清除病残体，集中烧毁或深埋，同时喷洒消毒药剂对土壤进行消毒。严格土壤处理，上茬瓜拉秧后，立即进行第 1 次深翻晾晒，翻前用生石灰 200 千克处理。在定植前 15~20 天进行第 2 次深翻，用 75% 百菌清可湿性粉剂 3 千克进行土壤灭菌。

⑦ 加强栽培管理。加强栽培管理，氮磷钾配比合理施肥，提高植株抗病能力，使植株生长健壮，提高抗病性。一般采用高畦栽培有利于减少病害发生。铺地膜或盖秸秆，加强通风，降低地温，浇水时做到小水勤浇，严禁大水漫灌。田间发现病株枯死，要立即拔除，深埋或烧掉。

（2）生物防治。定植后开始喷洒细胞分裂素 500~600 倍液，隔 7~10 天 1 次，共喷 3~4 次，可明显提高抗性。如配合加入 0.2% 磷酸二氢钾，或 0.5% 尿素效果更好。

（3）化学防治。一定要早防、早治，否则效果不明显。发病前或发病初期，用 50% 多菌灵可湿性粉剂 500~600 倍液，或 60% 琥乙膦铝 300~400 倍液，或 50% 的甲基托布津 800~1 000 倍液，或 70% 的敌克松 1 000~1 500 倍液，每株灌兑好的药液 0.3~0.5 升；或 12.5% 增效多菌灵浓可溶剂 200~300 倍液，每株 100 毫升，间隔 7~10 天灌 1 次，连灌 3 次，药剂要交替使用。

五、黄瓜蔓枯病

1. 症状

黄瓜蔓枯病是春播、夏播黄瓜为害较重的病害之一，病斑浅褐色，有不太明显的轮纹，病部上有许多小黑点，后期病部易破裂。茎部染病，一般由茎基部向上发展，以茎节处受害最常见。病斑浅白色，长圆形、梭形或长条状，后期病部干燥、纵裂。纵裂处往往有琥珀色胶状物溢出，病部有许多小黑点，病菌通过种子、农事操作、灌溉水、风雨传播等传播。

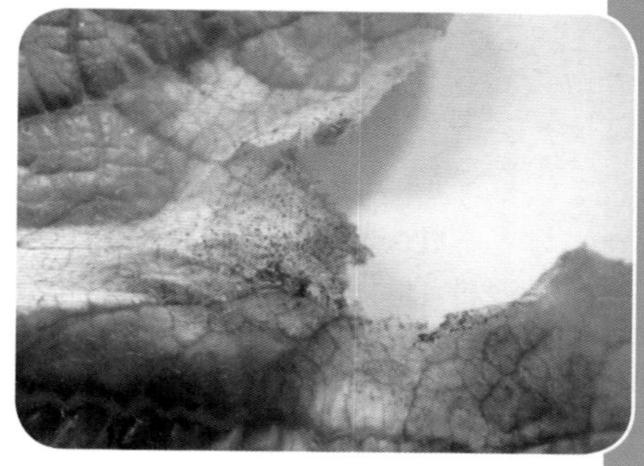

图 6-4-16　叶片“V”字形病斑

叶片上病斑近圆形，有的自叶缘向内呈“V”字形，淡褐色至黄褐色，后期病斑易破碎，病斑轮纹不明显，上生许多黑色小点，即病原菌的分生孢子器，叶片上病斑直径 10~35 毫米，少数更大（图 6-4-16）。

蔓上病斑椭圆形至梭形，白色，有时溢出琥珀色的树脂胶状物，后期病茎干缩，纵裂呈乱麻状，严重时引致“蔓烂”（图 6-4-17）。

图 6-4-17　蔓烂

2. 发病规律

病菌以分生孢子器或子囊壳随病残体在土壤中越冬，或以分生孢子附着在种子表面或黏附在架材、棚室骨架上越冬。带菌种子播种后发芽时侵染幼苗引发子叶发病。土壤中病残体所带病菌翌年直接侵染田间植株引起发病。

田间发病后，病部产生的分生孢子借风雨、灌溉水及农事操作传播，带菌种子可随种子调运做远距离传播。孢子发芽后，可从气孔、水孔或伤口侵入。

平均气温 18~25℃，相对湿度高于 85% 时易发病。田间高温多雨发病重。保护地适温高湿，通风不良利于发病。连作地、平畦栽培、排水不良、密度过大、光照不足、植株生长衰弱，发病重。

3. 防治方法

（1）农业防治。

① 选留无病种子，培育无病壮苗，种子消毒，用 55℃温水浸种 15 分钟，浸后用清水冲洗，而后催芽、播种。

② 与非瓜类实行 2~3 年的轮作，与禾本科轮作或进行水旱轮作。

③ 加强田间管理，合理增施磷钾肥，提高植株抗病能力。起垄栽培，地膜覆盖。

④ 及时摘除有病的叶、花、果，清除落地残花，防止病原落入土中。

⑤ 避免大水漫灌，注意放风降湿，抑制枝梢疯长，促进花芽分化，促进果实发育，提高黄瓜品质。

⑥ 棚室消毒。在定植前用 5%菌毒清 150 倍液或 50%施宝功可湿性粉剂 2 000 倍液，对棚室内的地面、墙面、架杆以及后坡进行全面喷布。

（2）化学防治。

① 喷雾防治。50% 甲基托布津可湿性粉剂 500~800 倍液，或 75%百菌清可湿性粉剂 500~600 倍液，70%代森锰锌可湿性粉剂 500~600 倍液，50%多菌灵可湿性粉剂 500~600 倍液，间隔 7 天喷药 1 次，连续 2~3 次，交替喷药。

② 烟雾防治。用 45% 百菌清烟雾剂，每亩用 250~300 克，分放 5~6 处，由里向外点燃后，密封棚室烟熏过夜即可。每 6 天左右熏 1 次，连熏 2~3 次。烟熏与喷雾交替使用最好。

六、黄瓜黑星病

1. 症状

黄瓜黑星病在黄瓜整个生育期均可侵染发病，危害部位有叶片、茎、卷须、瓜条及生长点等，以植株幼嫩部分如嫩叶、嫩茎和幼果受害最重，而老叶和老瓜对病菌不敏感。

幼苗染病，子叶上产生黄白色圆形斑点，子叶腐烂，严重时幼苗整株腐烂。稍大幼苗刚露出的真叶烂掉，形成双头苗、多头苗。侵染嫩叶时，起初在叶面呈现近圆形褪绿小斑点，进而扩大为 2~5 毫米淡黄色病斑，边缘呈星纹状，干枯后呈黄白色，后期形成边缘有黄晕的星星状孔洞（图 6–4–18）；湿度大时病斑长出灰黑色霉层（图 6–4–19）。

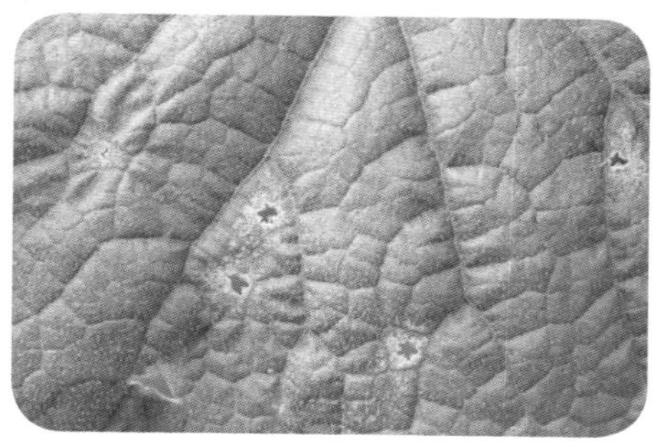

图 6–4–18　叶穿孔

图 6–4–19　灰色霉层

嫩茎染病，初为水渍状暗绿色菱形斑，后变暗色，凹陷龟裂（图 6–4–20）。

生长点染病时，心叶枯萎，形成秃桩。卷须染病则变褐腐烂。

幼瓜和成瓜均可发病。起初为圆形或椭圆形褪绿小斑，病斑处溢出透明的黄褐色胶状物（俗称“冒油”），凝结成块。以后病斑逐渐扩大、凹陷，胶状物增多，堆积在病斑附近，最后脱落。湿度大时，病部密生黑

图 6–4–20　茎感染

图 6-4-21 果实感染

色霉层。接近收获期，病瓜暗绿色，有凹陷疮痂斑，后期变为暗褐色。空气干燥时龟裂，病瓜一般不腐烂。幼瓜受害，病斑处组织生长受抑制，引起瓜条弯曲、畸形（图 6-4-21）。

2. 发病规律

真菌引起病害，病菌随病残体在土壤中越冬，靠风雨、气流、农事操作传播。种子可以带菌。冷凉多雨，容易发病。一般在定植后到结瓜期发病最多，大棚最低温度低于 10℃，相对湿度高于 90% 时容易发生。病菌从叶片、果实、茎表皮直接侵入，或从气孔和伤口侵入，在棚室内的潜育期一般 3~10 天，在露地为 9~10 天。黄瓜黑星病发病与栽培条件和栽培品种关系密切。该病菌在相对湿度 93% 以上，日均温在 15~30℃较易产生分生孢子，并要求有水滴和营养。因此，当棚内最低温度在 10℃以上，下午 6 时到次日 10 时空气相对湿度高于 90%，且棚顶及植株叶面结露时，该病容易发生和流行。温室黄瓜一般在 2 月中下旬就开始发病，到 5 月以后气温高时病害依然发生。

3. 防治方法

（1）农业防治。

① 选用抗病品种如津春 1 号，中农 13 号、中农 11 号，津研 7 号，青杂 1 号、青杂 2 号。无病株采种，种子消毒处理，用 55℃温水进行烫种 15 分钟。

② 与非瓜类实行 3~4 年轮作。

③ 科学控制温湿度，采用地膜覆盖、起垄栽培，滴灌等技术，控制浇水，浇水做到小水勤浇，避免大水漫灌，注意通风，降低湿度；中耕除草。施用充分腐熟的有机肥，增施磷钾肥，提高土壤透气性，使根系茁壮，增强抗病力。

④ 加强田间管理，升高棚室温度，减少结露时间，可控制黑星病的发生。棚室内防止出现低温、高湿状态，白天气温保持在 28~32℃，相对湿度保持在 60%，种植后至结瓜期控制浇水。

⑤ 彻底清除病残体，并深埋或烧毁。

（2）化学防治。

① 喷雾防治。用 50%多菌灵可湿性粉剂 500~800 倍液，或 75%百菌清可湿性粉剂 500~600 倍液，或 50%代森锰锌可湿性粉剂 400~500 倍液，或 50%扑海因可湿性粉剂 800~1 000 倍液，间隔 7~10 天喷 1 次，交替选用农药。

② 烟雾防治。用 45% 百菌清烟剂每亩用 300g，晚上熏棚 8 小时左右。

七、黄瓜细菌性角斑病

常在田间与黄瓜霜霉病混合发生，病斑比较接近，有时容易混淆，但黄瓜霜霉病发病初期在叶片背面产生几个多角形水渍状病斑，而细菌性角斑病在叶片背面产生针状水渍状病斑，往往几十个病斑同时发生。病情发生趋势没有霜霉病迅速，对黄瓜生长影响没有霜霉病严重。

1. 症状

黄瓜角斑病主要危害叶片、叶柄、卷须和果实，苗期至成株期均可受害。幼苗期子叶染病，开始产生近圆形水浸状凹陷斑，以后变褐色干枯。成株期叶片上初生针头大小水浸状斑点，病斑扩大受叶脉限制呈多角形，黄褐色（图 6-4-22）。

图 6-4-22　叶片正面

湿度大时，叶背面病斑上产生乳白色黏液，干后形成 1 层白色膜，或白色粉末状物，病斑后期质脆，易穿孔（图6-4-23）。茎、

图 6-4-23 叶片背面

叶柄及幼瓜条上病斑水浸状，近圆形至椭圆形，后呈淡灰色，病斑常开裂，潮湿时瓜条上病部溢出菌脓，病斑向瓜条内部扩展，沿维管束的果肉变色，一直延伸到种子，引起种子带菌。病瓜后期腐烂，有臭味，幼瓜被害后常腐烂、早落。

2. 发病规律

病菌附着在种子内外，或随病株残体在土壤中越冬，成为来年初侵染源，病菌存活期达1~2年。借助灌溉水或农事操作传播，通过气孔或伤口侵入植株。用带菌种子播种后，种子萌发时即侵染子叶，病菌从伤口侵入的潜育期常较从气孔侵入的潜育期短，一般 2~5 天。发病后通过风雨、昆虫和人的接触传播，进行多次重复侵染。棚室栽培时，空气湿度大，黄瓜叶面常结露，病部菌脓可随叶缘吐水及棚顶落下的水珠飞溅传播蔓延，反复侵染，因此，当黄瓜吐水量多，结露持续时间长，有利于此病的侵入和流行。露地栽培时，随雨季到来及田间浇水，病情扩展，北方露地黄瓜 7 月中下旬达高峰。

此病属低温、高湿病害。此病发病适温 24~28 ℃，最高 39℃，最低 4℃。在 49~50℃的环境中，10 分钟即会死亡。相对湿度在 80% 以上，叶面有水膜时极易发病。

病斑大小与湿度有关，夜间饱和湿度持续超过 6 小时者，病斑大。湿度低于 85%，或饱和湿度时间少于 3 小时，病斑小。昼夜温差大，结露重，而且时间长时，发病重。

3. 防治方法

（1）农业防治。

① 选用耐病品种，如津研 2 号、津研 6 号，津春 3 号，中农 5 号，碧春，从无病瓜上采种，种子消毒。100 万单位农用链霉素或氯霉素 500 倍液浸种 2 小时。

② 加强栽培防病，无病土育苗，重病田与非瓜类作物实行 2 年以上的轮作（图 6–4–24）。

③ 起垄栽培、地膜覆盖，降低空气湿度，明显减轻病害。

④ 生长期及时清除病叶、病瓜，收获后清除病残株，深埋或烧毁。

图 6–4–24　轮作大葱

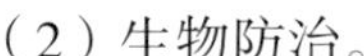

（2）生物防治。

新植霉素 200 毫克 / 千克药液，或 72% 农用链霉素可溶性粉剂 4 000 倍液喷洒。

（3）化学防治。可用 56% 嘧菌百菌清 600~800 倍液，或 30% 琥胶肥酸铜 (天 T 杀菌剂) 可湿性粉剂 500~600 倍液，或 77% 可杀得可湿性粉剂 400~500 倍液，或 14% 络氨铜水剂 300~400 倍液，或 47% 加瑞农可湿性粉剂 600~800 倍液，或 70% 甲霜铜可湿性粉剂 500~600 倍液，间隔 7~10 天，交替喷药，连续喷 3~4 次。要轮换使用，注意所用农药的安全间隔期。

八、黄瓜炭疽病

1. 症状

黄瓜炭疽病近年来发生不断趋重，是由引进的种子带菌所造成的。春秋两季均有发生，防治难度较大。黄瓜炭疽病从幼苗到成株皆可发病，幼苗发病，多在子叶边缘出现半椭圆形淡褐色病斑，上有橙黄色点状胶质物。

叶染病，病斑近圆形，直径 4~18 毫米，灰褐色至红褐色（图 6–4–25），严重时，叶片干枯。

茎蔓与叶柄染病，病斑椭圆形或长圆形，黄褐色，稍凹陷，严重时病斑连接，绕茎一周，植株枯死。瓜条染病，病斑近圆形，初为淡绿色，后成黄褐色，病斑稍凹陷，表面有粉红色黏稠物，后期开裂（图 6–4–26）。

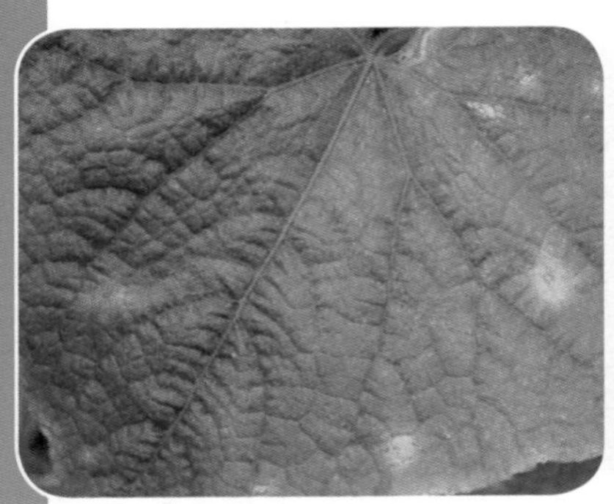

图 6-4-25　正面褐色斑

图 6-4-26　茎蔓开裂

2. 发病规律

瓜炭疽病是真菌，葫芦科刺盘孢菌侵染所致。病菌以菌丝体，或拟菌核在种子上，或随病残体在土壤中越冬。病菌翌年春季条件适宜时产生分生孢子盘，并产生大量的分生孢子，成为初侵染源。病菌借助风雨、灌溉水、农事操作等传播，引起再侵染。田间发病适温在 20~27℃，病菌最适生长温度 24℃，空气相对湿度大于 95%，叶片有露珠时有利于发病，适宜的温湿度潜育期仅需 3 天。土壤黏性、排水不良、偏施氮肥、保护地光照不足、通风不及时的瓜地发病重。浙江及长江中下游地区黄瓜炭疽病多在保护地栽培中发生，发病盛期在 5—6 月和 9—10 月。

3. 防治方法

（1）农业防治。

① 选用抗病品种，如津研 4 号，早青 2 号，中农 1101 号、中农 5 号，夏丰 1 号。种子消毒，种子能够带菌，所以种子应当消毒。种子消毒用 50% 多菌灵可湿性粉剂 500 倍液，浸泡种子 1 小时，或用 40% 甲醛 150 倍液浸种 1~1.5 小时，用水漂洗干净，或者用 55℃温水浸种 15~30 分钟，晾干后播种或催芽播种。

② 轮作换茬。往年黄瓜炭疽病发生严重的地块，要实行 3 年以上轮作。

③ 育苗选用无病土或对床土进行消毒，以减少初侵染原。

④ 加强养分管理。多施充分腐熟的优质有机肥料，增施磷钾肥和叶面肥，温室大棚栽培黄瓜还要进行二氧化碳施肥，防止植株早衰，以提高植株抗病能力。

⑤ 栽培方式应采用高畦栽培和地膜覆盖，温室大棚要尽可能增加光照、加强通风，适当控制浇水，降低空气湿度，减少叶面结露，减少病菌传播机会（图 6–4–27）。

⑥ 及时摘除枯黄病叶和底叶，带出田外或温室大棚外集中处理。

图 6–4–27　高畦覆膜

（2）采用生物防治，如喷 2% 农抗 120，或 1% 农抗“BO–10”150~200 倍液。

（3）药剂防治。

① 喷雾防治。可用 70% 代森锰锌可湿性粉剂 300~500 倍液，或 50% 福美双可湿性粉剂 500~800 倍液，或 50% 甲基托布津可湿性粉剂 600~800 倍液，或 80% 炭疽福美可湿性粉剂 800~1 000 倍液，或 50% 多菌灵可湿性粉剂 500~600 倍液，或 75% 百菌清可湿性粉剂 500~600 倍液，间隔 7~10 天，交替喷药，连喷 2~3 次。

② 烟剂粉剂防治。用 45% 百菌清烟剂每亩 200~250 克，或 5% 百菌清粉尘剂 1 000 克进行防治。烟剂、粉尘剂应于傍晚关闭棚室后施用，第 2 天通风。施用烟剂、喷施粉尘剂可单独使用，也可交替使用。

九、黄瓜细菌性缘枯病

1. 症状

叶、叶柄、茎、卷须、果实均可受害。叶部染病，初在水孔附近产生水浸状小斑点，后扩大为淡褐色不规则形斑，周围有晕圈；

图 6-4-28　叶片楔形病斑

严重的产生大型水浸状病斑，由叶缘向叶中间扩展，呈楔形（图 6-4-28）；叶柄、茎、卷须上病斑也呈水浸状，扩大后为淡褐色不规则形斑，周围有晕圈，严重时产生大形水渍状病斑，由叶缘向叶中间扩展；叶柄、茎、卷须上病斑为水渍状，褐色。果实染病先在果柄上形成水浸状病斑，后变褐色，果实黄化凋萎，脱水后成木乃伊状。植株染病后产量降低。

2. 发病规律

病原菌在种子上或随病残体留在土壤中越冬，成为翌年初侵染源。病菌从叶缘水孔等自然孔口侵入，靠风雨、田间操作传播蔓延和重复侵染。经观察此病的发生主要受降雨引起的湿度变化及叶面结露影响，我国北方春夏两季大棚相对湿度高，尤其每到夜里随气温下降，湿度不断上升至 70% 以上或饱和，且长达 7~8 小时，这时笼罩在棚里的水蒸气，遇露点温度，就会凝降到黄瓜叶片或茎上，形成叶面结露，这种饱和状态持续时间越长，缘枯细菌病的水浸状病斑出现越多，有的在病部可见菌脓。与此同时黄瓜叶缘吐水为该菌活动及侵入和蔓延引起该病流行的重要水湿条件。

3. 防治方法

（1）农业防治。

① 选无病瓜留种，种子进行消毒处理，用 70℃恒温干热灭菌 72 小时、50% 温水浸种 20 分钟等。

② 采用无病土基质育苗。

③ 与非瓜类作物实行 2 年以上轮作（图 6–4–29）。

④ 清洁土壤，减少菌源。用无菌土育苗加强田间管理，生长期及收获后清除病残组织。

⑤ 控制大棚内温、湿度。定植后适当控制浇水，做到保温、通风，以降低棚内温度。不能大水漫灌，要小水勤灌。

图 6–4–29　轮作大蒜

（2）生物防治。喷 2% 春雷霉素水剂 400~750 倍液，或 200 单位农用链霉素，或 150~200 单位新植霉素。

（3）化学防治。用 30% 琥胶肥酸铜可湿性粉剂 500~600 倍液，或 60% 琥乙膦铝可湿性粉剂 500~600 倍液，或 14% 络氨铜水剂 300~400 倍液，或 50% 甲霜铜可湿性粉剂 500~600 倍液，间隔 7~10 天喷 1 次，连续防 2~3 次 。

十、黄瓜疫病

1. 症状

黄瓜疫病俗称“死藤”“烂蔓”，苗期、成株期均可发病。苗期发病，多从嫩茎生长点上发生，初期呈现水渍状萎蔫，最后干枯呈秃尖状。叶片上产生圆形或不规则形、暗绿色的水渍状病斑，边缘不明显，扩展很快，湿度大时腐烂，干燥时呈青白色，易破碎，茎基部也易感病，造成幼苗死亡；成株期发病，主要在茎基部或嫩茎节部发病，先呈水渍状暗绿色，病部软化缢缩，其上部叶片逐渐萎蔫下垂，以后全株枯死（图 6–4–30）。

瓜条被害，产生暗绿色、水浸状近圆形凹陷斑，后期病部长出稀疏灰白色霉层，病瓜皱缩，软腐，有腥臭味，很快扩展到全果，病果皱缩软腐，表面长出灰白色稀疏的霉状物（图 6–4–31）。地上部症状和枯萎病相似。

图 6-4-30　生长点干枯

图 6-4-31　果实染病

2. 发病规律

该疫病为土传病害，以菌丝体、卵孢子及厚垣孢子随病残体在土壤或粪肥中越冬，翌年条件适宜长出孢子囊，借风、雨、灌溉水传播蔓延，寄主被侵染后，病菌在有水条件下经 4~5 小时产生大量孢子囊和游动孢子。在 25~30℃下，经 24 小时潜育即发病，病斑上新产生的孢子囊及其萌发后形成的游动孢子，借气流传播，进行再侵染，使病害迅速扩散。发病适温 28~30℃，在适温范围内，土壤水分是此病流行的决定因素。因此，凡雨季来临早、雨量大、雨日多的年份或浇水过多发病早，传播蔓延快，为害也重。地势低洼、排水不良、浇水过勤的黏土地及下水头发病重。

3. 防治方法

（1）农业防治。

① 选用耐疫病品种，如保护地用中农 5 号、长春密刺等。药剂浸种，用 72.2%普力克水剂或 25%甲霜灵可湿性粉剂 800 倍液浸种半小时后催芽。

② 嫁接防病，可用云南黑籽南瓜或南砧 1 号做砧木与黄瓜嫁接，可防疫病及枯萎病。

③ 与非瓜类作物实行 4 年以上轮作，可与十字花科、豆科等蔬菜轮作（图 6-4-32）。

图 6-4-32 轮作白菜

④ 苗床和大棚土壤处理。每平方米苗床用 25% 甲霜灵可湿性粉剂 8 克与适量土拌匀撒在苗床上，大棚于定植前用 25% 甲霜灵可湿性粉剂 700~800 倍液喷淋地面。

⑤ 采用高畦栽植，避免积水。苗期控制浇水，结瓜后做到见湿见干，发现疫病后，浇水减到最低量，控制病情扩展。采用滴灌和膜下暗灌技术，禁止大水漫灌，避免积水，苗期控制浇水，结瓜期做到地面干湿均匀。发病时浇水减到最低量，控制病情扩展。采用覆盖地膜可有效阻挡土壤中病菌溅附到植株茎叶和果实上。

⑥ 推广配方施肥，施用充分腐熟的优质圈肥，注意氮磷钾合理配合，避免偏施氮肥。生长中后期增施磷钾肥及微肥，以增强黄瓜抗病能力。

⑦ 及时检查，发现病残体、病叶、病瓜、病秧要及时清除出田外深埋或烧毁，减少病菌在田间传播。

（2）化学防治。发病初，及时喷洒或浇灌 70% 的乙铝 · 锰锌可湿性粉剂 500~600 倍液，或 72.2% 霜霉威水剂 600~700 倍液，或 72% 锰锌 · 霜脲可湿性粉剂 600~700 倍液，或 78% 波尔 · 锰锌可湿性粉剂 500~600 倍液，或 25% 嘧菌脂胶悬剂 1 000~1 500 倍液，或 64% 杀毒矾可湿性粉剂 500~600 倍液等喷雾防治，隔 7~10 天用药 1 次，病情严重时可以 5 天用药 1 次，连续防治 3~4 次。

十一、黄瓜猝倒病

1. 症状

黄瓜猝倒病，俗称“卡脖子”“小脚瘟”“掉苗”等，是冬

图 6-4-33　苗倒地

春季黄瓜苗期常发病害之一。苗期露出土表的胚芽基部或中部呈水浸状，后变成黄褐色干枯缩为线状，往往子叶尚未凋萎，幼苗即突然猝倒，致幼苗贴伏地面（图 6-4-33），有时瓜苗出土胚轴和子叶已普遍腐烂，变褐枯死。湿度大时，病株附近长出白色棉絮状菌丝。该菌浸染果实引致绵腐病。初现水渍状斑点，后迅速扩大呈黄褐色水渍状大斑病，与健部分界明显，最后整个果实腐烂，且在病瓜外面长出 1 层白色茂密棉絮状菌丝。果实发病多始于脐部，也有的从伤口浸入在其附近开始腐烂。

2. 发病规律

病原可在土壤中长期存活，在病株残体上及土壤中越冬。病菌以卵孢子在 12~18 厘米表土层越冬，并在土中长期存活。翌春，遇有适宜条件萌发产生孢子囊，以游动孢子或直接长出芽管侵入寄主。田间的再侵染主要靠病苗上产出孢子囊及游动孢子，借灌溉水或雨水溅附到贴近地面的根茎或果实上引致更严重的损失。病菌生长适宜地温为 10℃。低温对寄主生长不利，但病菌尚能活动，尤其是育苗期出现低温、高湿条件，利于发病。幼苗子叶养分基本用完，新根尚未扎实之前是感病期。因此，该病主要在幼苗长出 1~2 片真叶期发生，3 片真叶后，发病较少。

3. 防治方法

（1）农业防治。

① 选择地势高、地下水位低，排水良好的地块做苗床，选用无病的新土、塘土或稻田土，播前一次灌足底水，出苗后尽量不浇水，必须浇水时一定选择晴天喷洒，不宜大水漫灌。

② 严格选择营养土，床土应选用无病新土，若用旧园土，有带菌可能，应进行苗床土壤消毒。

③ 育苗畦（床）及时放风、降湿，即使阴天也要适时适量放风排湿，严防瓜苗徒长染病。

④ 果实发病重的地区，要采用高畦，防止雨后积水，黄瓜定植后，前期宜少浇水，多中耕，注意及时插架，以减轻发病。

（2）生物防治。木霉菌剂药效持久稳定，无残留，对人畜和生态环境无害，是发展生态绿色农业较理想的生物菌剂，具有很好的推广和应用价值。

① 育苗使用。首先把木霉菌剂用谷皮或米糠稀释 100 倍，搅拌均匀。然后按 20~30 克/平方米的量与黄瓜种子散撒在苗圃床上，再在上面盖上 3~4 厘米的浮土。

② 秧苗移栽时使用。在秧苗移栽时，每穴坑中放入 2~3 克木霉菌剂再栽秧苗，培好土。

（3）化学防治。幼苗发病初期喷 72.2% 霜霉威水剂 400~500 倍液，或 64% 杀毒矾可湿性粉剂 500~600 倍液，或 70% 敌克松 600~800 倍液，或 25% 甲霜灵可湿性粉剂 600~800 倍液，或 58% 瑞毒锰锌 500~600 倍液，或 50% 多菌灵可湿性粉剂 500 倍液。每隔 7~10 天喷 1 次，连喷 2~3 次。

十二、黄瓜立枯病

立枯病是瓜果类蔬菜幼苗常见的病害之一，各菜区均有发生。育苗期间阴雨天气多、光照少的年份发病严重。发病严重时常造成秧苗成片死亡。

1. 症状

一般在育苗的中后期发病，主要危害幼苗或地下根茎基部，初期在下胚轴或茎基部出现近圆形或不规则形的暗褐色斑，病部向里凹陷，扩展后围绕一圈致使茎部萎缩干枯，造成地上部叶片变黄，最后幼苗死亡，但不倒伏。根部受害多在近地表根颈处，

皮层变褐色或腐烂（图 6-4-34）。在苗床内，发病初期零星瓜苗白天萎蔫，夜间恢复，经数日反复后，病株萎蔫枯死，早期与猝倒病相似，但病情扩展后，病株不猝倒，病部具轮纹或稀疏的淡褐色蛛丝状霉，且病程进展较慢，有别于猝倒病。

图 6-4-34　茎部萎缩

2. 发病规律

该病属于真菌病害。病菌在土壤中越冬，通过水流、农具传播。腐生性较强，在土壤中可存活 2~3 年，病菌从伤口或表皮直接侵入幼茎、根部引起发病。病菌适宜土壤 pH 值为 3~9.5，菌丝能直接侵入寄主，病菌主要通过雨水、水流、带菌肥料、农事操作等传播。幼苗生长衰弱、徒长或受伤，易受病菌侵染。当床温在 20~25℃时，湿度越大发病越重。播种过密、通风不良、湿度过高、光照不足、幼苗生长细弱的苗床易发病。

3. 防治方法

（1）农业防治。

① 种子消毒，95% 恶霉灵每 1 千克种子与 80% 多·福·福锌可湿性粉剂 4 克混合拌种。2.5% 咯菌腈悬浮剂用种子重量 0.6%~0.8% 拌种。

② 用 50% 拌种双粉剂 10~20 克 / 平方米 +40% 五氯硝基苯粉剂 15~30 克 / 平方米 +50% 多菌灵可湿性粉剂 10~20 克 / 平方米与细土 4~5 千克混合拌匀，施药前先把苗床底水打好，且一次浇透（根据季节定浇水量），一般 17~20 厘米深，水渗下后，取 1/3 充分拌匀的药土撒在畦面上，播种后再把其余 2/3 药土覆盖在种子上面。即上覆下垫。

③ 提倡选用营养钵或穴盘育苗等现代育苗方法，可大大减少

立枯病的发生和为害。

④ 加强苗床管理。一般要求苗床温度在 25℃左右，不低于 20℃；当塑料薄膜或幼苗叶片上有水珠凝结时，及时通风降湿，下午及时盖严薄膜保温；浇水应在晴天进行，尽量控制浇水次数，浇水后及时揭膜通风透光；阴雨天苗床湿度过高时，可撒施干草木灰，以降低苗床湿度。

（2）药剂防治。发病初期用 20% 甲基立枯磷乳油 800~1 200 倍液＋ 75% 百菌清可湿性粉剂 600 倍液；50% 苯菌灵可湿性粉剂 600~1 000 倍液＋ 50% 克菌丹可湿性粉剂 400~600 倍液；70% 甲基硫菌灵可湿性粉剂 500~700 倍液＋ 70% 代森锰锌可湿性粉剂 800 倍液；15% 恶霉灵水剂 500~700 倍液＋ 25% 咪鲜胺乳油 800~1 000 倍液；对水喷淋苗床，视病情隔 5~7 天一次。

十三、黄瓜黑斑病

1. 症状

主要为害叶片，多从下而上发病，最后仅剩下顶端几片绿叶，病株似火烤状。初为褐绿色近圆形斑点，后为边缘清晰的圆形或近圆形病斑，中央灰白色边缘淡黄色。叶面病斑稍突起，表面粗糙，叶背病斑常呈水渍状，周围常有褪绿晕圈，病斑多在叶脉之间，湿度大时表面生有黑色的霉层，有时病斑扩展连结成大病斑，严重时叶肉组织枯死，叶缘向上卷起，叶子焦枯，但不脱落。

中下部叶片先发病，后逐渐向上扩展，重病株除心叶外，均可染病。病斑圆形或不规则形，中间黄褐色（图 6–4–35）。叶面病斑稍隆起，表面粗糙，叶背病斑呈水渍状，四周明显，且出现褪绿的晕圈，病斑大多出现在叶脉之间，条件适宜时，病斑迅速

图 6–4–35　病叶黄褐斑

扩大连接。

2. 发病规律

病原在病残体上或种子表面越冬，在田间可借气流或雨水传播。种子带菌是远距离传播的重要途径。该病的发生主要与黄瓜生育期温湿度关系密切，气温25~32℃，空气相对湿度80%以上时，易发病。坐瓜后遇高温、高湿，该病易流行，特别浇水或风雨过后病情扩展迅速，土壤肥沃，植株健壮发病轻。

3. 防治方法

（1）农业防治。

① 选用无病种瓜留种，进行种子高温处理。将种子放在50~60℃水恒温浸种15分钟，捞出后立即放在冷水中冷却，晾干后播种。

② 轮作换茬，与非瓜类作物进行3年以上的轮作换茬。

③ 施足有机肥做基肥，采用高畦地膜覆盖栽培，严防大水漫灌。

④ 浇水后及时通风透气，排湿降温。

（2）物理防治。用55℃恒温水浸种15分钟后，立即放入冷水中冷却然后播种。

（3）药剂防治。

① 种子处理。用种子重量0.3%的50%灭霉灵可湿性粉剂，或50%福美双可湿性粉剂，或50%异菌脲可湿性粉剂拌种。

② 喷雾防治。用50%异菌脲可湿性粉剂1 200~1 500倍液，或75%百菌清可湿性粉剂500~600倍液，间隔5~7天喷雾防治，连喷2~3次。

③ 粉尘法。于傍晚喷撒5%百菌清粉尘剂，亩每次1千克。

④ 烟雾法。于傍晚点燃45%百菌清烟剂，亩每次200~250克，隔7~9天1次，视病情连续或交替轮换使用。

十四、黄瓜灰霉病

黄瓜灰霉病是黄瓜保护地栽培常年发生的一种病害，近几年来发生呈逐年趋重。由于果实常常受到侵扰而引起腐烂。菜农常常称之烂果病，霉烂病。

1. 症状

近年来随着棚室发展为害日趋严重的一种病害。黄瓜灰霉病多从开败的雌花开始侵入，初始在花蒂产生水渍状病斑，逐渐长出灰褐色霉层，引起花器变软、萎缩和腐烂，并逐步向幼瓜扩展，瓜条病部先发黄，后期产生白霉并逐渐变为淡灰色，导致病瓜生长停止，变软、腐烂和萎缩，最后腐烂脱落（图 6–4–36）。

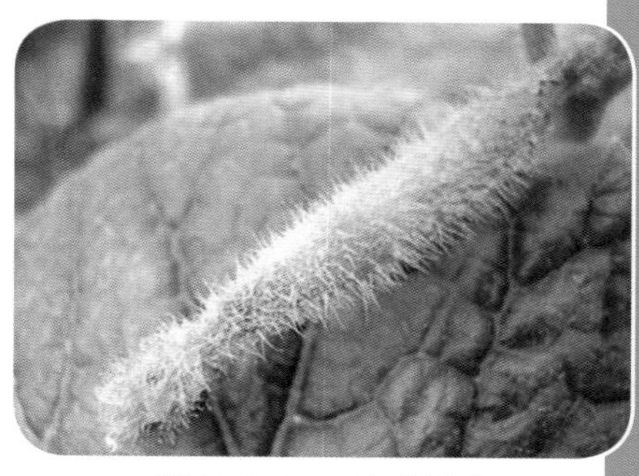

图 6–4–36　染病果实

叶片染病，病斑初为水渍状，后变为不规则形的淡褐色病斑，边缘明显，有时病斑长出少量灰褐色霉层。高湿条件下，病斑迅速扩展，形成直径 15~20 毫米的大型病斑（图 6–4–37）。茎蔓染病后，茎部腐烂，瓜蔓折断，引起烂秧。

图 6–4–37　染病叶片病斑

2. 发病规律

病原以菌丝、分生孢子或菌核随病残体在土壤中越冬。病菌随气流、雨水及农事操作进行传播蔓延。苗期和花期较易发病，病菌分生孢子在适温和有水滴的条件下，萌发出芽管，从寄主伤口、衰弱和枯死的组织侵入，萎蔫花瓣和较老的叶片尖端坏死部

分最容易被侵染，引起发病。开花至结瓜期是病菌侵染和发病的高峰期。高湿（相对湿度94%以上）、较低温度（18~23℃）、光照不足、植株长势弱时容易发病，气温超过30℃，相对湿度不足90%时，停止蔓延。因此，此病多在冬季低温寡照的温室内发生。

3. 防治方法

（1）农业防治。

① 清洁田园，收获后期彻底清除病株残体，土壤深翻20厘米以上，将土表遗留的病残体翻入底层，喷施消毒药剂加新高脂膜对土壤进行消毒处理，减少棚内初侵染源。苗期、瓜膨大前及时摘除病花、病瓜、病叶，带出大棚、温室外深埋，减少再侵染的病源。

② 加强通风换气，浇水适量，忌在阴天浇水。生长前期及发病后，适当控制浇水，适时晚放风，提高棚温至33℃则不产孢，降低湿度，减少棚顶及叶面结露和叶缘吐水。

③ 多施充分腐熟的优质有机肥，增施磷钾肥，以提高植株抗病能力。

④ 大棚选用无滴膜扣棚，进行高畦栽培、地膜覆盖、控制浇水，设法增加光照、提高温室大棚温度、降低湿度。

（2）药剂防治。

① 烟雾法。用20%速克灵烟剂，每亩每次用药200~ 250克，或用50%农利灵烟剂，每亩每次用药250克。熏3~4小时。一般可傍晚熏烟，次晨打开门窗通风换气。

② 粉尘法。于傍晚喷撒10%速灭克粉尘剂，或5%百菌清粉尘剂，或10%杀霉灵粉尘剂，每亩每次用药1千克，隔7~10天喷1次，轮换或交替喷2~3次。上述杀菌剂预防效果好于治疗效果，发病后用药，应适当加大药量。为防止产生抗药性，提高药效，提倡将几种药剂轮换交替或复配使用。

③ 发病初期喷50%腐霉利可湿性粉剂2 000倍液，或40%嘧霉胺悬浮剂600~800倍液，或50%异菌脲可湿性粉剂1 000~1 500倍液，或65%甲霉灵可湿性粉剂1 000倍液，或50%多霉灵威可

湿性粉剂 600~800 倍液，每隔 7~10 天喷 1 次，连续 3~4 次。

十五、黄瓜菌核病

1. 症状

苗期至成株期均可发病，主要为害幼瓜和茎蔓。以距地面 5~30 厘米发病最多。瓜条发病，从瓜蒂部的残花或柱头上开始向上发病，先呈水浸状湿腐病斑（图 6–4–38），高湿时密生棉絮状霉(菌丝)，后菌丝纠结成黑色菌核，黏附在瓜病部，瓜腐烂后或干燥后脱落土中；茎蔓染病，初在近地面茎部或主侧枝分杈处，出现湿腐状病斑，高湿条件下，病部软腐，生棉絮状菌丝，病茎髓部腐烂中空或纵裂干枯，菌核黏附在病蔓上（图 6–4–39）。此病的菌核一般附着在烂瓜、病蔓或烂叶等组织上，茎表皮纵裂，但木质部不腐败，因而不表现萎蔫，病部以上叶、蔓凋萎枯死。幼苗发病时在近地面幼茎基部出现水浸状病斑，很快病斑绕茎一周，幼苗猝倒。一定湿度和温度下，病部先生成白色菌核，老熟后为黑色鼠粪状颗粒。

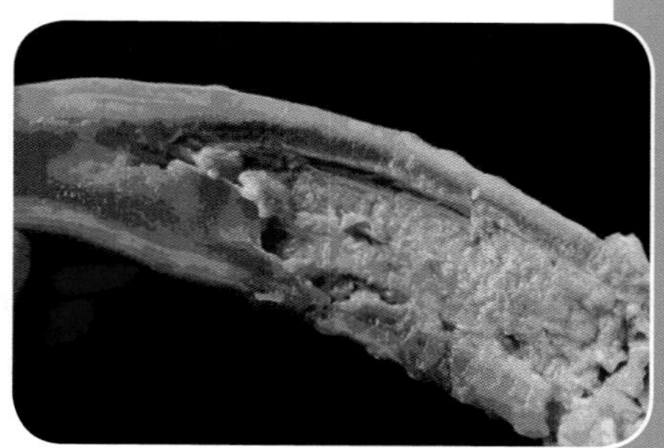

图 6–4–38 染病果实

图 6–4–39 茎蔓腐烂

2. 发病规律

菌核遗留在土中，或混杂在种子中越冬或越夏。菌核遇有适宜温湿度条件即萌发产出子囊盘，放散出子囊孢子随气流传播蔓延，侵染衰老花瓣或叶片，长出白色菌丝，开始为害柱头或幼瓜。干燥条件下，存活 4~11 年，水田经 1 个月腐烂。5~20℃，

菌核吸水萌发，产出子囊盘，系有性繁殖器官。南方2—4月及11—12月适其发病，北方3—5月发生多。棚室内主要通过病组织上的菌丝与健株接触传播。菌丝生长适宜温度范围较广，不耐干燥，相对湿度85%以上有利于发病。

3. 防治方法

（1）农业防治。

① 彻底清园，深翻土壤收获后及时认真清除所有病残体，深耕畦土，将菌核埋入30厘米以下深处，抑制子囊孢子释放，控制初侵染源。

② 夏季高温闷棚，杀死病菌清园后，施生石灰3千克/亩，再翻耕畦土，灌水淹畦浸泡土壤，同时将棚膜盖严、四周压实密封，使棚内土温上升至60℃以上，闷棚10天左右，将病菌杀死。

③ 高畦地膜覆盖可提高土温，降低棚内湿度，抑制子囊孢子释放，减少菌源。

④ 棚室上午以闷棚提温为主，下午及时放风排湿，发病后可适当提高夜温以减少结露，早春日均温控制在29℃高温，相对湿度低于65%，防止浇水过量。

⑤ 轮作，与水生蔬菜、禾本科及葱蒜类蔬菜隔年轮作（图6-4-40）。

图6-4-40　轮作空心菜

⑥ 加强管理。合理密植，控制大棚栽培棚内温湿度，及时放风排湿，尤其要防止夜间棚内湿度迅速升高，这是防治本病的关键措施。注意合理控制浇水量和施肥量，浇水时间放在上午，并及时开棚，以降低棚内湿度。特别在春季寒流侵袭前，要及时加盖小拱棚塑料薄膜，并在棚室四周盖草帘，防止植株受冻。

（2）物理防治。用 50℃温水浸种 10 分钟，即可杀死菌核。

（3）药剂防治。

① 棚室每亩用 10% 腐霉利烟剂或 45% 百菌清烟剂 250 克熏 1 夜。每隔 8~10 天 1 次。

② 喷雾防治，用 50% 腐霉利可湿性粉剂 1 200~1 500 倍液，或 50% 农利灵可湿性粉剂 1 000~1 500 倍液。每隔 8~9 天喷 1 次，连喷 3~4 次。

③ 可用高浓度的 50%速克灵可湿性粉剂或 50%多菌灵可湿性粉剂调成 100 倍的糊状涂液用毛笔等涂在病部（剪去病部的病枝涂在留下的枝干上），涂的面积比病部大 1~2 倍，病重的 5~7 天再涂 1 次，可挽救 80%的病株与病枝。

十六、黄瓜靶斑病

1. 症状

黄瓜靶斑病又称“黄点子病”，病菌以危害叶片为主，严重时蔓延至叶柄、茎蔓。叶片正、背面均可受害，叶片发病，起初为黄色水浸状斑点，直径为 1 毫米左右。当病斑直径扩展至 1.5~2 毫米时，叶片正面病斑略凹陷，病斑近圆形或稍不规则，有时受叶脉所限，为多角形，病斑外围颜色稍深呈黄褐色，中部颜色稍浅呈淡黄色，患病组织与健康组织界线明显。发病中期病斑扩大为圆形或不规则形，易穿孔，多为圆形，少数多角形或不规则，叶正面病斑粗糙不平，病斑整体褐色，中央灰白色、半透明，后期病斑直径可达 10~15 毫米，圆形或不规则形，对光观察叶脉色深，网状更加明显，病斑中央有一明显的眼状靶心（图 6-4-41）。严重时多个病斑连片，呈不规则状。发病严重时，病斑面积可达叶片面积的 95% 以上，叶片干

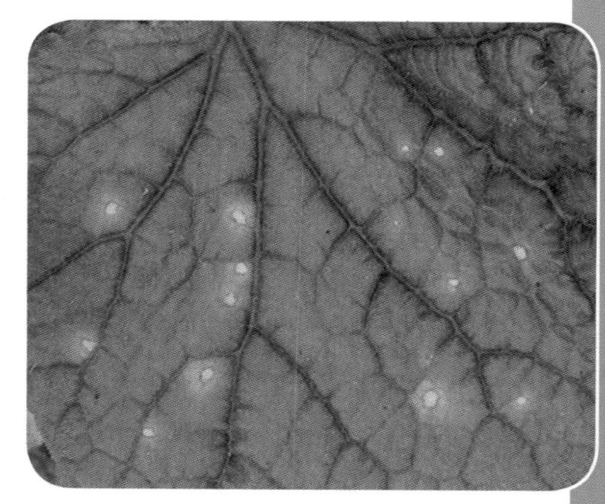

图 6-4-41　病斑有眼状靶心

枯死亡。重病株中下部叶片相继枯死，造成提早拉秧。

2. 发病规律

病原以分生孢子丛或菌丝体在土中的病残体上越冬。病菌借气流或雨水飞溅传播，进行初侵染和再侵染。各地发病多见于黄瓜生长中后期。病原具有喜温好湿的特点，病菌侵入经潜育 6~7 天后发病，高湿或通风透气不良的条件下易发病；气温 25~27℃，湿度饱和的条件下发病重；温差大也有利于发病。

3. 防治方法

（1）农业防治。

① 选用抗病品种，播种前用新高脂膜拌种，驱避地下病虫，隔离病毒感染，不影响萌发吸胀功能，加强呼吸强度，提高种子发芽率。

② 种子消毒，采用温汤浸种的办法：种子用常温水浸种 15 分钟后，转入 55~60℃热水中浸种 10~15 分钟，并不断搅拌，然后让水温降至 30℃，继续浸种 3~4 小时，捞起沥干后置于 25~28℃处催芽，可有效消除种内病菌。用温汤浸种最好结合药液浸种，杀菌效果更好。

③ 轮作换茬，与非瓜类作物实行 2~3 年以上轮作。

④ 彻底清除前茬作物病残体、病蔓、病叶、病株，并带出田外烧毁，减少初侵染源，同时喷施消毒药剂加新高脂膜进行消毒处理。

⑤ 起垄地膜覆盖栽培，于膜下沟里浇暗水，减少水分蒸发，要小水勤灌，避免大水漫灌，注意通风排湿，增加光照，创造有利于黄瓜生长发育，不利于病菌萌发侵入的温湿度条件。

⑥ 避免偏施氮肥，增施磷、钾肥，适量施用硼肥。

（2）药剂防治。可用 25% 咪鲜胺乳油 1 500 倍液，或 40% 腈菌唑乳油 3 000 倍液、或 75% 百菌清可湿性粉剂 800 倍液喷雾，或 50% 多菌灵可湿性粉剂 500 倍液，或 50% 苯菌灵可湿性粉剂 1 500 倍液，或 0.5% 氨基寡糖素 400~600 倍液喷雾。每 7~10 天

喷 1 次，轮换交替用药，连喷 2~3 次，在药液中加入适量的叶面肥效果更好。

十七、黄瓜细菌性叶枯病

1. 症状

黄瓜细菌性叶枯病主要危害叶片，幼叶症状不明显，成长叶片叶面出现黄化区，出现畸形水浸状褪绿斑，逐渐扩大呈近圆形或多角形褐斑，直径 1~2 毫米，周围有褪绿色晕圈，病叶背面在清晨或阴天极易出现小段明脉，但无菌脓，染病后期侵染处叶片开裂（图 6-4-42）。该病菌除危害黄瓜外，还可侵染西瓜、甜瓜、西葫芦，症状与黄瓜相似。

图 6-4-42　叶片开裂

2. 发病规律

通过种子带菌传播，也可随病残体在土壤中越冬，从幼苗子叶或真叶水孔及伤口处侵入。叶片染病后，病菌在细胞内繁殖，而后进入维管束，传播蔓延。保护地内温度高，湿度大，叶面结露，叶缘吐水，利于病害发生。

3. 防治方法

（1）农业防治。

① 选择适合当地种植的抗病、耐病品种。种子处理，瓜种可用 50℃温水浸种 20 分钟，捞出晾干后催芽播种。

② 重病田与非瓜类作物实行 2 年以上的轮作。

③ 选用无病土育苗。

④ 生长期及时清除病叶、病瓜，收获后清除病残株，深埋或烧毁。

⑤ 加强田间管理，施足基肥，增施磷钾肥，防止氮肥施用过

多，增强植株抗病性。

⑥ 保护地黄瓜开花结瓜前少浇水、勤中耕、多通风，降低棚内湿度，减少结露和滴水。

（2）生物防治。

① 种子处理，100 万单位硫酸链霉素 500~600 倍液浸种 2 小时后冲洗干净，再催芽播种。

② 发病初喷洒当年生产的 72% 的链霉素或新植霉素 2 000~3 000 倍液每 7 天喷 1 次。

（3）药剂防治。用 1：1.5：300 波尔多液，或 50% 福美双可湿性粉剂 500~600 倍液，或 65% 代森锌可湿性粉剂 500~600 倍液，或 75% 百菌清可湿性粉剂 500~600 倍液，或 77% 可杀得可湿性粉剂 500~600 倍液，或 50% 甲霜铜可湿性粉剂 300~400 倍液喷雾，间隔 7 天喷 1 次，连喷 3~4 次。

十八、黄瓜斑点病

图 6-4-43　病斑变薄透光

1. 症状

主要为害叶片，多在开花结瓜期发生，中下部叶片易发病，上部叶片发病机会相对较少。发病初期时，病斑呈水渍状，后变为淡褐色，中部颜色较淡，逐渐干枯，周围具水渍状淡绿色晕环，病斑直径 1~3 毫米，后期病斑中部呈薄纸状，淡黄色或灰白色（图 6-4-43）。棚室栽培时，多在早春定植后不久发病，湿度大时，病斑上会有少数不明显的小黑点。

2. 发病规律

病原属半知菌正圆叶点霉真菌。病菌以菌丝体和分生孢子器随病残体在土壤中越冬。靠雨水溅射或灌溉水传播，侵染植株下部叶片，4—5 月温暖、多雨天气易发病。连作、通风不良、湿度

高等条件下发病重。

3. 防治方法

（1）农业防治。

① 选用抗病能力强的品种。选用无病种子，种子可进行消毒处理，用 55℃温水恒温浸种 15 分钟，减少感染的可能性。

② 重病田实行与非瓜类蔬菜 2 年以上轮作，最好进行水旱轮作。

③ 收获后及时清除病残组织，减少田间菌源。

④ 增施有机底肥，配合施用磷肥和钾肥，避免偏施氮肥。

⑤ 生长期加强管理，雨后及时排水，避免田间积水。

（2）药剂防治。用 70% 甲基托布津可湿性粉剂 500~600 倍液，或 56% 600~800 倍液，或 40% 多硫悬浮剂 500~600 倍液，或 40% 福星乳油 6 000 倍液喷雾。隔 7 天一次，连喷 2~3 次。

十九、黄瓜根结线虫病

近年来，在保护地栽培中由于长年连作，黄瓜根结线虫病发生日趋严重，应引起密切注意。它还可以危害番茄、茄子、萝卜等多种蔬菜作物。

1. 症状

黄瓜根结线虫病主要危害在黄瓜的侧根和须根。须根或侧根染病，产生瘤状大小不一的根结，浅黄色至黄褐色（图 6-4-44）。解剖根结，病部组织中有许多细长蠕动的乳白色线虫寄生其中。根结之上一般可以长出细弱的新根，在侵染后形成根结肿瘤。轻病株地上部分症状表现不明显，发病严重时植株明显矮化，结瓜

图 6-4-44　根结肿瘤

少而小，叶片褪绿发黄，晴天中午植株地上部分出现萎蔫或逐渐枯黄，最后植株枯死。

2. 发病规律

此病由植物线虫南方根结线虫侵染引起。该虫以幼虫或卵随根组织在土壤中越冬。带虫土壤、病根和灌溉水是其主要传播途径，一般在土壤中可存活 1~3 年。翌春条件适宜时，雌虫产卵繁殖，孵化后为 2 龄幼虫侵入根尖，引起初次侵染。侵入的幼虫在根部组织中继续发育交尾产卵，产生新一代 2 龄幼虫，进入土壤中再侵染或越冬。线虫寄生后分泌的唾液刺激根部组织膨大，形成“虫瘿”，或称为“根结”。在温室或塑料棚中单一种植几年后，导致寄主植物抗性衰退时，根结线虫可逐步成为优势种。南方根结线虫生存最适温度 25~30℃，高于 40℃，低于 5℃都很少活动，55℃经 10 分钟致死。田间土壤湿度是影响孵化和繁殖的重要条件。土壤湿度适合蔬菜生长，也适于根结线虫活动，雨季有利于孵化和侵染，但在干燥，或过湿土壤中，其活动受到抑制，其为害沙土中常较黏土重，适宜土壤 pH 值为 4~8。

黄瓜结瓜期最易感病，浙江及长江中下游地区保护地栽培中黄瓜根结线虫病的主要发病盛期在 5—6 月，露地秋黄瓜在 8—9 月。

3. 防治方法

（1）农业防治。

① 选用抗病和耐病品种。

② 培育无病壮苗。选择无病苗，采用营养钵和穴盘无土育苗，避免有病史的棚土育苗，以利于培育无病壮苗。

③ 清理田园。及时清除病残体。对于病死植株及时拔除，清理残根，并带出棚外进行深埋或烧毁，病坑用石灰进行消毒处理，防止病虫传播蔓延。切忌病根茬沤肥，或用病土垫圈沤肥。

④ 轮作换茬。一种线虫一般在同科、同属或邻科、邻属中为害，所以有计划地进行远缘科、属间 2~5 年轮作，如可与大葱、韭菜、辣椒、大蒜类等抗耐病较强的作物轮作，最好用小麦、玉米等禾

本科作物轮作，以减少损失，降低土壤中的线虫数量，可起到减少虫源作用，减轻下茬受害。

⑤ 深耕翻晒。根结线虫多分布在 3~9 厘米表土层，深翻可减少为害。播前深耕深翻 20 厘米以上，把可能存在的线虫翻到土壤深处，可减轻为害。上茬收获后，在下茬播种前应翻晒土壤，尤以病地更需要翻晒，使线虫暴露在土表而促使其死亡。

⑥ 夏季高温灭虫。根据线虫的致死温度为 55℃（5 分钟）的特点， 在 7—8 月高温时期，在大棚内撒施氰氨化钙，麦秸 5 厘米，再撒施过磷酸钙 100 千克左右，翻入地下，盖地膜，密闭大棚，使棚温高达 70℃以上，土壤内 10 厘米深温度高达 60℃左右，闭棚 15~20 天（图 6–4–45）。

图 6–4–45　高温、盖地膜闷棚

⑦ 水淹法。有条件地区对地表 10 厘米，或更深土层灌水 1 个月，可在多种蔬菜上起到防止根结线虫侵染，繁殖和增长的作用，根结线虫虽然未死，但不能侵染。

⑧ 合理施肥。重施腐熟有机肥，增施磷钾肥，不仅能够增强植株抗性，而且还可增加线虫天敌微生物，抑制线虫的生长发育。

⑨ 嫁接法。选择根系发达抗性强的南瓜作为砧木进行嫁接栽培。

（2）生物防治。线虫必克为纯生物制剂，施用后无残留，特别适合无公害黄瓜生产。每亩可在苗期用线虫必克 0.5 千克与营养土混匀后施用。在成株期每亩用线虫必克 1~1.5 千克与适当厩肥或干细土混匀后施入土中，防治效果较好。

（3）物理防治。

① 土壤蒸汽消毒杀菌，将棚室土壤堆在一起，覆盖帆布，将蒸汽管道插进土堆，蒸汽消毒杀菌。类似蒸汽蒸馒头。

② 太阳能高温消毒杀菌，原理与蒸汽类似。

（4）化学防治。

① 土壤药剂处理。石灰氮（氰胺化钙）土壤处理。用氰胺化钙 105~120 克 / 平方米 (折合每亩约 80 千克)、麦草 1 000~1 500 克 / 平方米均匀撒于地表，混土 20 厘米，起 30 厘米高、40~60 厘米宽的垄，盖膜，整地，灌水，维持 10~15 天后揭膜，整地，凉地后，起垄移植。

② 0.5% 阿维菌素颗粒处理。在黄瓜移植前每亩用 3 200 克，均匀撒于地表，翻地后起垄移栽。或用 1.8% 阿维菌素乳油 3 000 倍液做土壤处理，应进行覆盖。

③ 对生长期发病的植株，1.8% 阿维菌素乳油 3 000 倍液根部穴浇，每株 100~200 毫升，灌根 1~2 次，间隔 10~15 天。

第五节 黄瓜虫害

一、蚜虫

黄瓜蚜虫在华北地区每年发生 10 多代，于 4 月底产生有翅蚜迁飞到露地蔬菜上繁殖为害，直至秋末冬初又产生有翅蚜迁入保护地。蚜虫是黄瓜生产中经常发生的害虫。在瓜菜叶背面或幼嫩茎芽上群集，吸食汁液使叶片卷缩畸形，并传播病毒。蚜虫为害时还排出大量的蜜露污染叶片和果实，引起煤污病菌寄生，影响光合作用。

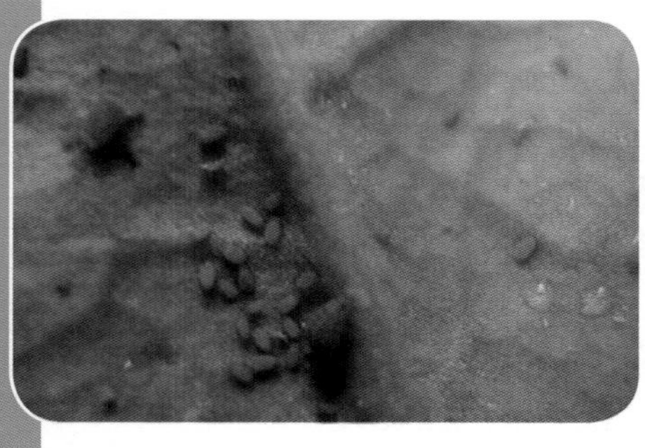

图 6–5–1　叶片背面蚜虫

1. 为害特点

为害瓜类蔬菜的蚜虫主要是瓜蚜。瓜蚜主要以成虫和若虫在叶片背面和嫩梢、嫩茎、花蕾和嫩尖仁吸食汁液，分泌蜜露（图 6–5–1）。嫩叶及生长点被害后，叶片卷缩，生长停滞，甚至全株萎蔫死亡。成株叶片受害，提前

枯黄、落叶，缩短结瓜期，造成减产。此外，还能传播病毒病。

2. 形态特征

无翅孤雌蚜体夏季多为黄色，春秋为墨绿色至蓝黑色。有翅雌蚜，体长 1.2~1.8 毫米，胸黑色。无翅孤雌胎生蚜宽卵圆形，多为暗绿色。无翅胎生雌蚜体长 1.5~l.9 毫米，夏季黄绿色，春、秋季深绿色，腹管黑色或青色，圆筒形，基部稍宽。有翅胎生雌蚜体黄色、浅绿色或深绿色，前胸背板及胸部黑色。性母为有翅蚜，体黑色，腹部腹面略带绿色。

3. 发生规律

在具备瓜蚜繁殖的温度条件下，南方北方均可周年发生。一般以卵在木模、花椒、石榴等木本植物枝条和夏枯草、紫花地丁等植物的茎基部越冬，来年春天 3—4 月，平均气温稳定在 6℃以上时，越冬卵孵化为干母，干母胎生干雌，干雌在越冬寄主上孤雌胎生繁殖 2~3 代，在 4—5 月干雌产生有翅蚜迁往夏寄主瓜类蔬菜等植物上，在夏寄主上不断繁殖、扩散为害。秋末冬初，又产生有翅蚜迁入保护地。越冬寄主上，产生两性蚜，交尾产卵，以卵越冬。也能以成蚜和若蚜在温室、大棚中繁殖为害越冬。瓜蚜对黄色有较强的趋性，对银灰色有忌避习性。

4. 防治方法

（1）农业防治。

① 彻底清洁田园，及时清除黄瓜田内和地头上的杂草，处理残枝败叶，消灭滋生蚜虫的场所。

② 培育出“无虫苗”，严格从育苗时期用好防虫网，培育无虫苗。大田增施有机肥，定植缓苗后，加强栽培管理，配合施用氮磷钾肥，增加植株抗性。

③ 避免黄瓜、番茄、菜豆混栽，以免为蚜虫创造良好的生活环境，加重为害。

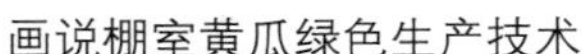

（2）物理防治。

① 黄板诱虫。针对蚜虫对黄色有强烈的趋性，在黄瓜田间插黄板进行诱杀。具体方法：自制木板或纸板，规格为（50~70）厘米 ×30 厘米。先将木板涂黄色，再用机油加少许黄油搅拌均匀后，涂抹在木板上，每亩 20 块左右，插在瓜田株间，插板要高出植株 10~15 厘米，当黄板粘满害虫时，利用上述方法再次涂抹，可反复利用。同时适用于白粉虱、美洲斑潜蝇等害虫（图 6–5–2）。

图 6–5–2　悬挂黄板

② 银灰膜避蚜。利用银灰色对蚜虫的驱避性，覆盖银灰色膜在瓜田周围悬挂银灰色塑料薄膜，以达到防蚜的目的。

③ 防虫网。覆盖防虫网，可以有效地阻止蚜虫的进入。

（3）生物防治。

① 保护利用天敌。瓜蚜的天敌很多，根据报道：小黑蛛、星豹蛛日捕蚜量分别为 70 头、190 头；七星瓢虫、龟纹瓢虫等幼虫期捕蚜量在 200~300 头。还有食蚜蝇、蚜茧蜂等，均可捕食或寄生蚜虫。另外，也可人工饲养释放蚜茧蜂，进行以虫治虫的生物防治。

② 用 0.65% 茴蒿素水剂 800~1 000 倍液喷雾，兼治瓜叶螨；用 1.8% 阿维菌素乳油 3 000~4 000 倍液喷雾，既防治蚜虫又防白粉虱；也可用 2.5% 鱼藤精乳油 600~800 倍液或 1% 苦参素乳油 500 倍液喷雾。

（4）化学防治。用 10%吡虫啉可湿性粉剂 1 500~2 000 倍液，或 1%苦参素水剂 800~1 000 倍液，或 3%啶虫脒乳油 2 000~3 000 倍液，或 2.5% 天王星乳油 1 500 倍液，或 10% 氯氰菊酯乳油 8 000~10 000 倍液喷雾杀灭。间隔 7~10 天喷雾 1 次，连喷 1~2 次。

二、白粉虱

白粉虱又名小白蛾子，属同翅目粉虱科。是一种世界性害虫，我国各地均有发生，是菜地、田地、温室、大棚内种植作物的重要害虫。寄主范围广，蔬菜中的黄瓜、菜豆、茄子、番茄、辣椒、冬瓜、豆类、莴苣以及白菜、芹菜、大葱等都能受其为害。

1. 为害特点

主要危害烟草、番茄、番薯、木薯、棉花、十字花科、葫芦科、豆科、茄科、锦葵科等。成、若虫刺吸植物汁液，受害叶褪绿萎蔫或枯死（图 6–5–3）。成虫体长 1 毫米，白色，翅透明具白色细小粉状物。

图 6–5–3　叶片背面

2. 形态特征

白粉虱蛹壳卵形或长椭圆形，长约 1.64 毫米，宽约 0.74 毫米。淡黄色半透明或无色透明，有时蛹壳大小变化很大；背盘区中央稍向上隆起，整个蛹壳面覆盖白色棉状蜡丝。亚体缘周边单列分布小乳头状突。在背盘区对称分布有 5 对较大的短圆锥形乳头状突。在腹部中段的 2 对较大的乳头状突之外侧还分布有 1 个小的乳头状突。管状孔略呈三角形，盖瓣片仅盖住孔口上方，舌状器明显伸出盖瓣片以外。在管状孔上方两侧分布 1 对鬃状短毛，在亚体缘尾端分布有 2 根鬃状长毛。

3. 发生规律

在北方温室一年发生 10 余代，冬天室外不能越冬，华中以南以卵在露地越冬。成虫羽化后 1~3 天可交配产卵，平均每个产 142.5 粒。也可孤雌生殖，其后代雄性。成虫有趋嫩性，在植株顶部嫩叶产卵。从气孔插入叶片组织中，与寄主植物保持水分平

衡，极不易脱落。若虫孵化后 3 天内在叶背做短距离行走，当口器插入叶组织后开始营固着生活，失去了爬行的能力。白粉虱繁殖适温为 18~21℃。春季随秧苗移植或温室通风移入露地。

环境适合时，约 1 个月完成 1 代，1 年可发生 10 代以上。1 雌可产 40~50 粒卵。雌成虫有选择嫩叶集居和产卵的习性，随着寄主植物的生长，成虫逐渐向上部叶片移动，造成各虫态在植株上的垂直分布，常表现明显的规律。新产的卵绿色，多集中在上部叶片，老熟的卵则位于稍下的一些叶上，再往下则分别是初龄幼虫、老龄幼虫，最下层叶片则主要是伪蛹和新羽化的成虫。

4. 防治方法

（1）农业防治。

① 播种前将前茬作物的残株败叶及杂草清理到田外深埋或烧毁。黄瓜生长期间加强整枝，摘去枯死的黄叶、病叶，并带到棚外烧毁，以减少虫源。

② 轮作倒茬，在白粉虱发生猖獗的地区，棚室秋冬茬或棚室周围的露天蔬菜的种类应选择芹菜、茼蒿、芫荽、菠菜、油菜、蒜苗等白粉虱不喜食而又耐低温的蔬菜，既免受此虫为害，又可有效地防止向棚室蔓延。

（2）物理防治。

① 利用白粉虱的趋黄性，在温室内设置黄色板诱杀成虫。用长 40 厘米左右、宽 20 厘米左右的硬纸板或纤维板等，在板两面用黄色油漆涂抹，然后在黄板两面涂上 1 层机油，做成诱虫板。将诱虫板吊在温室内，与黄瓜等高行间，当诱虫板粘满白粉虱或尘土时，可再涂 1 层机油继续使用。

图 6–5–4　覆盖防虫网

② 设置防虫网，用防虫网（细尼龙纱）罩住温室大棚底部放风口及棚顶放风口，防止外来的白粉虱进入棚内（图 6–5–4）。

③ 低温处理，在秋延后栽培的蔬菜收获后，于夜间气温在0℃以下时大通风降温，冷冻1夜，基本都能将白粉虱冻死，如有活虫，则再冻1夜。

（3）生物防治。

① 保护地黄瓜初见白粉虱成虫时，释放丽蚜小蜂3~5头/株，每隔10天放1次，共放蜂3~4次。丽蚜小蜂主要产卵在白粉虱的幼虫和蛹内，8~9天后变黑死亡。

② 人工释放中华草蛉，一头草蛉一生平均捕食白粉虱172.6头，可有效控制白粉虱发生。

③ 喷洒赤霉菌菌液，当大棚温度为25~26℃，相对湿度达90%时，赤霉菌对白粉虱的寄生率为80%~90%。

（4）药剂防治。

① 播种黄瓜前使用烟熏剂闭棚熏杀害虫。播后黄瓜生长期间可用25%蚜虱一遍净与木屑等点燃烟熏，闷棚8~10小时再通风，苗床上或温室大棚放风口设置避虫网，防止外来虫源迁入。

② 用2.5%溴氰菊酯乳油2 000~3 000倍液，或10%扑虱灵乳油1 000倍液，或25%灭螨猛乳油1 000倍液，或15%哒螨灵乳油2 500~3 500倍液，或20%多灭威2 000~2 500倍液，或4.5%高效氯氰菊酯3 000~3 500倍液等药剂喷雾防治。每7天喷1次，连喷3~4次，不同药剂应交替使用，以免害虫产生抗药性。药要在虽晨或傍晚时进行，此时白粉虱的迁飞有力较差。喷时要先喷叶正面再喷背面，使掠飞的白粉虱落到叶表面时也能触到药液而死。

③ 温室或大棚等在傍晚密闭，然后用1%溴氰菊酯烟剂或2. 5%杀灭菊酯烟剂，用背负式机动发烟器施放烟剂，或用20%灭蚜烟剂熏烟，防治效果较好。

三、美洲斑潜蝇

1. 为害特点

成虫吸食叶片汁液，造成近圆形刻点状凹陷。幼虫在叶片的上下表皮之间蛀食，造成曲曲弯弯的隧道，隧道相互交叉，逐渐

连成一片，导致叶片光合能力锐减，过早脱落或枯死。

图 6-5-5 叶片失绿

成虫用产卵器把卵产在叶中，孵化后的幼虫在叶片上、下表皮之间潜食叶肉，嗜食中肋、叶脉，食叶成透明空斑，造成幼苗枯死，破坏性极大。该虫幼虫常沿叶脉形成潜道，幼虫还取食叶片下层的海绵组织，从叶面看潜道常不完整，初期呈蛇形隧道，但后期形成虫斑。成虫产卵取食时造成伤斑，使植物叶片的叶绿素细胞和叶片组织受到破坏，受害严重时，叶片失绿变成白色（图6-5-5）。

2. 形态特征

成虫：体长 1.8~2.5 毫米，浅灰黑色，头部和小盾片鲜黄色，胸背板亮黑色，外顶鬃常着生在黑色区上，内顶鬃着生在黄色区或黑色区上，腹部每节黑黄相间，体侧面观黑黄色约各占一半，前翅长 1.3~1.7 毫米。雌虫体比雄虫大。

美洲斑潜蝇成、幼虫均可为害。雌成虫在飞翔中以产卵器刺伤叶片，吸食汁液，并将卵产于伤孔的表皮之下，卵经 2~5 天孵化，幼虫潜入叶片和叶柄为害，产生不规则蛇形白色虫道，破坏叶绿素，影响光合作用。受害重的叶片脱落，造成花芽、果实被灼伤，严重时造成毁苗。

3. 发生规律

一年可发生 10~12 代，具有暴发性。以蛹在寄主植物下部的表土中越冬。一年中有 2 个高峰，分别为 6—7 月和 9—10 月。美洲斑潜蝇适应性强，寄主范围广，繁殖能力强，世代短，成虫具有趋光、趋绿、趋黄、趋蜜等特点。每年 4 月气温稳定在 15℃左右时，露地可出现美洲斑潜蝇被害状。成虫以产卵器刺伤叶片，

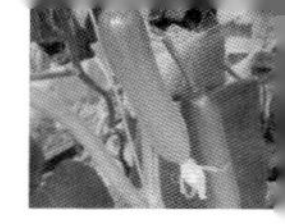

吸食汁液。雌虫把卵产在部分伤孔表皮下，卵经 2~5 天孵化，幼虫期 4~7 天。末龄幼虫咬破叶表皮在叶外或土表下化蛹，蛹经 7~14 天羽化为成虫。每世代夏季 2~4 周，冬季 6~8 周。

美洲斑潜蝇生长发育适宜温度为 20~30℃，温度低于 13℃或高于 35℃时其生长发育受到抑制。正常情况下，美洲斑潜蝇一年可完成 15~20 代，若进入冬季日光温室，年世代可达 20 代以上。

4. 防治方法

（1）农业防治。

① 加强植物检疫。严禁从疫区调入蔬菜、花卉等作物。发现有斑潜蝇幼虫、卵或蛹时，要就地销售，防止把该虫运到其他地方。

② 套种或轮作，在斑潜蝇为害重的地区，把斑潜蝇嗜好的瓜类、茄果类、豆类与其不为害的作物进行套种或轮作。

③ 合理密植，加强植调整，增加田间通透性。

④ 清洁田园。作物收获完毕，田间植株残体和杂草及时彻底清除。生长期尽可能摘除下部虫道较多且功能丧失的老叶片，发现受害叶片随时摘除，集中沤肥或掩埋。

⑤ 土壤翻耕。充分利用土壤翻耕及春季菜地地膜覆盖技术，减少和消灭越冬和其他时期落入土中的蛹。

（2）物理防治。

① 在秋季和春季的保护地的通风口处设置防虫网，防止露地和棚内的虫源交换。提倡全生育期覆盖，覆盖前清除棚中残虫，防虫网四周用土压实，防止该虫潜入棚中产卵。可选 20~25 目 白色、黑色或银灰色的防虫网，可有效地防止该虫为害。此外，还可防治菜青虫、小菜蛾、甘蓝夜蛾、甜菜夜蛾、斜纹夜蛾、棉铃虫、蚜虫等多种害虫。

② 高温闷棚。在夏季高温换茬时将棚室密闭 7~10 天，昼夜不开缝，使温度高达 60~70℃，杀死大量虫源，防止虫源扩散到露地。

③ 采用灭蝇纸诱杀成虫，在成虫始盛期至盛末期，每亩置

15 个诱杀点，每个点放置 1 张诱蝇纸诱杀成虫，3~4 天更换一次。

④ 利用美洲斑潜蝇成虫的趋黄性，可采用在田间插黄板涂机油或贴粘蝇纸进行诱杀。

（3）生物防治。

① 科学利用天敌：保护和利用斑潜蝇寄生蜂，如姬小蜂、潜蝇茧蜂等对斑潜蝇寄生率较高，不施药时，寄生率可达 60%。

② 喷洒 0.5% 楝素杀虫乳油 (川楝素)800 倍液、6% 绿浪 (烟百素)900 倍液。

③ 施用昆虫生长调节剂 5% 抑太保 2 000 倍液，或 5% 卡死克乳油 2 000 倍液，对斑潜蝇成虫具不孕作用，用药后成虫产的卵孵化率低，孵出的幼虫死亡。防治时间掌握在成虫羽化高峰 8~12 小时，效果最好。

（4）药剂防治。用 1.8% 阿维菌素乳油 4 000 倍液，或 1% 苦参碱 2 号可溶性液剂 1 200 倍液，或 4.5% 高效氯氰菊酯乳油 1 500 倍液喷雾，间隔 7~8 天喷 1 次，连喷 2~3 次。

四、黄守瓜

黄守瓜俗称“瓜萤”“黄萤”(成虫)、水蛆(幼虫)，有黄足和黑足两种，常见的为黄足黄守瓜。黄守瓜是瓜类作物的重要害虫，在中国北方 1 年发生 1 代，南方 1~3 代，中国台湾省南部 3~4 代。以成虫在背风向阳的杂草、落叶和土缝间越冬。

图 6–5–6　黄守瓜

1. 为害特点

黄守瓜成虫、幼虫都能为害。成虫喜食瓜叶和花瓣，还可为害南瓜幼苗皮层，咬断嫩茎和食害幼果（图 6–5–6）。

叶片被食后形成圆形缺刻，影响光合作用，瓜苗被害后，叶

片网状，失去光合作用能力，常带来毁灭性灾害（图 6–5–7）。幼虫在地下专食瓜类根部，重者使植株萎蔫而死，引起腐烂，丧失食用价值。

图 6–5–7　叶片网状

2. 形态特征

黄守瓜体长卵形，后部略膨大。体长 6~8 毫米。成虫体长 7~8 毫米。全体橙黄或橙红色，有时略带棕色。上唇栗黑色。复眼、后胸和腹部腹面均呈黑色，尾节大部分橙黄色。有时中足和后足的颜色较深，从褐黑色到黑色，有时前足胫节和跗节也是深色。头部光滑几无刻点，额宽，两眼不甚高大，触角间隆起似脊。触角丝状，伸达鞘翅中部，基节较粗壮，棒状，第 2 节短小，以后各节较长。前胸背板宽约为长的两倍，中央具 1 条较深而弯曲的横沟，其两端伸达边缘。盘区刻点不明显，两旁前部有稍大刻点。鞘翅在中部之后略膨阔，翅面刻点细密。雄虫触角基节极膨大，如锥形。前胸背板横沟中央弯曲部分极端深刻，弯度也大。鞘翅肩部和肩下一小区域内被有竖毛。尾节腹片三叶状，中叶长方形，表面为一大深洼。雌虫尾节臀板向后延伸，呈三角形突出；尾节腹片呈三角形凹缺。

3. 发生规律

成虫除了冬季外，生活在平地至低海拔地区，在郊外丝瓜、黄瓜等农田中极为常见。成虫会啃食瓜类作物的嫩叶与花朵，危害颇为严重。

各地均以成虫越冬，常十几头或数十头群居在避风向阳的田埂土缝、杂草落叶或树皮缝隙内越冬。翌年春季温度达 6℃时开始活动，10℃时全部出蛰，瓜苗出土前，先在其他寄主上取食，待瓜苗生出 3~4 片真叶后就转移到瓜苗上为害。黄守瓜成虫、幼虫都能为害。成虫喜食瓜叶和花瓣，还可为害南瓜幼苗皮层，咬

断嫩茎和食害幼果。叶片被食后形成圆形缺刻，影响光合作用，瓜苗被害后，常带来毁灭性灾害。

幼虫在地下专食瓜类根部，重者使植株萎蔫而死，也蛀入瓜的贴地部分，引起腐烂，丧失食用价值。

成虫喜在温暖的晴天活动，一般以上午 10 时至下午 3 时活动最烈，阴雨天很少活动或不活动，取食叶片时，常以身体为半径旋转咬食，使叶片留下半环形的食痕或圆洞，成虫受惊后即飞离逃逸或假死，耐饥力很强，取食期可绝食 10 天而不死亡，有趋黄习性。雌虫交尾后 1~2 天开始产卵，常堆产或散产在靠近寄主根部或瓜下的土壤缝隙中。产卵时对土壤有一定的选择性，最喜产在湿润的壤土中，黏土次之，干燥沙土中不产卵。产卵多少与温湿度有关，20℃以上开始产卵，24℃为产卵盛期，此时，湿度越高，产卵越多，因此，雨后常出现产卵量激增。幼虫共 3 龄。初孵幼虫先为害寄主的支根、主根及茎基，3 龄以后可钻入主根或根茎内蛀食，也能钻入贴近地面的瓜果皮层和瓜肉内为害，引起腐烂。幼虫一般在 6~9 厘米表土中活动，耐饥力较强。据记载，初龄幼虫能耐 4 天，2 龄耐 8 天，3 龄耐 11 天。幼虫老熟后，大多在根际附近做椭圆形土茧化蛹。

4. 防治方法

（1）农业防治。

① 消灭越冬虫源。对低地周围的秋冬寄主和场所，在冬季要认真进行铲除杂草、清理落叶，铲平土缝等工作，尤其是背风向阳的地方更应彻底，使瓜地免受着暖后迁来的害虫为害。

② 改造产卵环境。植株长至 4~5 片叶以前，可在植株周围撒施石灰粉、草木灰等不利于产卵的物质或撒入锯末、稻糠、谷糠等物，引诱成虫在远离幼根处产卵，以减轻幼根受害。

③ 合理安排播种期，因地制宜提早育苗移栽，待成虫开始活动时瓜苗已长大，以避过越冬成虫为害高峰期，而减轻危害。

④ 适当间作。危害严重的地区，瓜类与甘蓝、芹菜、生菜等间作，可减轻危害。

（2）物理防治。捕捉成虫，清晨成虫活动力差，借此机会进行人工捉拿。同时，可利用其假死性用药水盆捕捉，也可取得良好的效果。

（3）化学防治。成虫防治，用 90% 晶体敌百虫 1 000 倍液，或 40% 氰戊菊酯乳油 8 000 倍液喷洒，卵孵化期可用 90% 敌百虫 1 500~2 000 倍液灌根，隔 10 天再浇 1 次，对幼虫防治效果较好。

五、瓜蓟马

1. 危害特点

主要为害瓜类、茄果类、豆科蔬菜、十字花科蔬菜。成虫和若虫挫吸瓜类嫩梢、嫩叶、花（图 6–5–8）和幼瓜的汁液。被害嫩叶、嫩梢变硬缩小，茸毛呈灰褐色或黑褐色，植株生长缓慢，节间缩短；幼瓜受害后果条硬化；叶片被害主要在背面，出现成片的叶肉缺失。

图 6–5–8　为害花

2. 形态特征

为害瓜类的黄蓟马，是一种杂食性害虫。成虫体长 1~1.3 毫米，浅黄至深褐色，翅细长、透明，周缘有很多细长毛（图 4–5–9）。卵长 0.2 毫米，肾脏形，逐渐变成卵圆形。若虫体形似成虫，淡黄色，1~2 龄尚无翅芽，3~4 龄则翅芽明显。黄瓜被害后，心叶不能正常展开，嫩芽、嫩叶皱缩或卷曲、组织变硬而脆，出现丛生现象，甚至干枯无顶芽，植株生长缓慢，节间缩短。幼瓜受害，

图 6–5–9　叶片背面（放大后）

果实硬化、畸形、茸毛变灰褐或黑褐色，生长缓慢，果皮粗糙有斑痕，布满“锈皮”，严重时造成落果。

3. 生活习性

蓟马以成虫、若虫在未收获的寄主叶鞘内、杂草、残株间或附近的土里越冬。翌年春成若虫开始活动为害。蓟马一年四季均有发生。春、夏、秋三季主要发生在露地。成虫活泼善飞，可借风力传播。成虫怕光，白天多在叶背或叶腋处， 阴天和夜里到叶面上活动取食。5—6 月是为害盛期。能营孤雌生殖，整个夏季几乎全是雌虫。初孵若虫群集为害， 稍大后分散。 冬季主要在温室大棚中，危害茄子、黄瓜、芸豆、辣椒、西瓜等作物。发生高峰期在秋季或入冬的 11—12 月，3—5 月则是第 2 个高峰期。雌成虫主要进行孤雌生殖，偶有两性生殖，极难见到雄虫。雌成虫寿命 8~10 天。卵期在 5—6 月为 6~7 天。若虫在叶背取食到高龄末期停止取食，落入表土化蛹。

蓟马喜欢温暖、干旱的天气，其适温为 23~28℃，适宜空气湿度为 40%~70%；湿度过大不能存活，当湿度达到 100%，温度达 31℃时，若虫全部死亡。大雨后或浇水后致使土壤板结，使若虫不能入土化蛹和蛹不能孵化成虫。每年有 3 个为害高峰期，即 5 月下旬至 6 月中旬、7 月中旬至 8 月上旬以及 9 月，尤以秋季发生普遍，为害严重。

4. 防治方法

（1）农业防治。

① 营养钵育苗，或育苗床上盖尼龙纱或塑料薄膜防虫。

② 及时清除育苗地附近杂草， 减少虫源。

③ 早春清除田间杂草和枯枝残叶，集中烧毁或深埋，消灭越冬成虫和若虫。

④ 适时栽植，避开为害高峰期，地面铺银灰膜不仅对成虫起避忌作用，且能防止若虫落入土中化蛹。

⑤ 加强肥水管理，促使植株生长健壮，减轻为害。

⑥ 轮作可以减少黄蓟马的危害。

（2）物理防治。利用蓟马趋蓝色的习性，在田间设置蓝色粘板（图 6–5–10），诱杀成虫，粘板高度与作物持平。蓝板诱杀成虫，每 10 米左右挂一块蓝色板，略高于蔬菜 10~30 厘米，以减少成虫产卵为害。

图 6–5–10　悬挂蓝板

（3）生物防治。保护或释放天敌。瓜蓟马的天敌主要有小花蝽、螨类、赤眼蜂科、纹蓟马科、亚洲草蛉、白脸草蛉、蜘蛛类等。充分发挥天敌对蓟马的自然控制作用。

（4）化学防治。蓟马有趋花性和昼伏夜出的特点，成虫白天隐蔽在作物生长点上取食，以清晨和傍晚为取食的盛期。蓟马最佳防治喷药时期清晨和傍晚，选用杀虫又杀卵的药剂，抓住防治最佳时期喷药，地上地下全方位进行防控，不要留下任何死角，才能达到预期的防治效果。

加强田间管理，注意虫口数量变化，当黄瓜生长点出现 1~3 头或每株虫口达 3~5 头成虫时及时用药。药剂可选用 1.8% 阿维菌素乳油 2 500~3 000 倍液，或 5% 啶虫脒可湿性粉剂 2 000~2 500 倍液，或 10% 吡虫啉可湿性粉剂 800~1 000 倍液均匀喷雾，5~7 天用药 1 次，交替用药 2~3 次。

六、瓜绢螟

1. 危害特点

幼龄幼虫在瓜类蔬菜叶背啃食叶肉，被害部位呈白斑，3 龄后吐丝将叶或嫩梢缀合，匿居其中取食，致使叶片穿孔或缺刻，严重时仅留叶脉，或蛀入幼果及花中为害。老熟后在被害卷叶内作白色薄茧化蛹，或在根际表土中化蛹（图 6–5–11）。

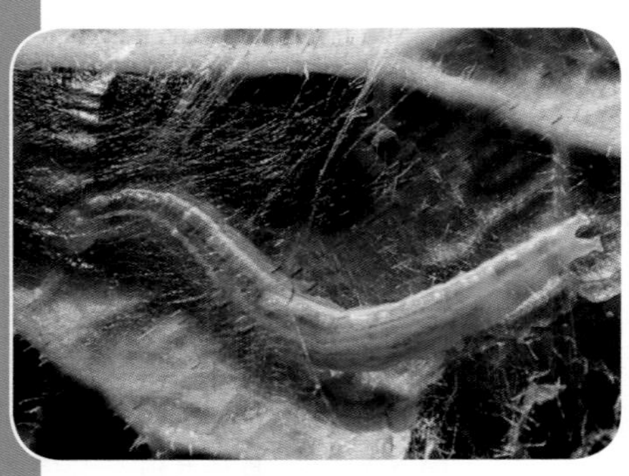

图 6-5-11 幼虫吐丝

图 6-5-12 瓜绢螟成虫

2. 形态特征

成虫体长 11~12 毫米，翅展 22~25 毫米，头胸部黑色，腹部背面除第 5、第 6 节黑褐色外其余各节白色，胸、腹部、腹面及足均为白色，腹部末端具黄黑色相间的茸毛，前翅白色略透明，前翅前缘、外缘及后翅外缘呈黑褐色宽带（图 6-5-12）。末龄幼虫体长约 26 毫米，头部、前胸背板淡褐色，胸腹部草绿色，亚背线呈两条较宽的白色纵带，化蛹前消失，气门黑色。蛹长约 15 毫米，深褐色，头部光整尖瘦，翅基伸及第 5 腹节，外被薄茧。卵椭圆形、扁平、淡黄色、表面布有网状纹。

3. 生活习性

北方地区年发生 3~6 代，长江以南 1 年发生 4~6 代，广州和广西年发生 5~6 代，以老熟幼虫或蛹在枯卷叶或土中越冬。在北方，一般每年 5 月田间出现幼虫为害，6—7 月虫量增多。8—9 月盛发，10 月以后下降。在杭州每年 5—6 月田间出现幼虫为害，7 月虫口上升，8—9 月盛发，10 月虫口下降，至 11 月上、中旬发生中止。在广州，第二年 4 月底羽化，5 月幼虫为害。7—9 月发生数量多，世代重叠，为害严重。11 月后进入越冬期。成虫夜间活动，趋光性弱，雌蛾将卵产于叶背，散产或几粒在一起，每雌蛾可产 300~400 粒。幼虫 3 龄后卷叶取食，蛹化于卷叶或落叶中。卵期 5~7 天，幼虫期 9~16 天，共 4 龄，蛹期 6~9 天，成虫寿命 6~14 天。

4. 防治方法

（1）农业防治。

① 清洁田园，加强田园的清洁工作，铲除棚室周围的杂草，瓜果采收完毕以后，瓜蔓及时清理出棚深埋，降低蛹量和蛹的成活率。

② 幼虫发生期，人工摘除卷叶和幼虫群集取食的叶片，集中处理。结合防治白粉病、霜霉病，及时去除下部老叶、病叶，可以增加防效和杀死老叶内的虫蛹。

③ 实行轮作，做到瓜类蔬菜不连茬。在一定范围内，杜绝寄主作物，斩断食物链，可以适当降低发生量。

（2）物理防治。

① 提前设置好防虫网，防治瓜绢螟兼治黄守瓜。

② 加强瓜绢螟预测预报，采用性诱剂或黑光灯预测报发生期和发生量。

③ 架设频振式或微电脑自控灭虫灯，对瓜娟冥有效，还可以减少蓟马、白粉虱的危害（图 6–5–13）。

图 6–5–13　频振式灭虫灯

④ 黄瓜整枝吊蔓时，可采取人工捕捉大龄幼虫，直接降低虫口基数。

（3）生物防治。保护利用天敌，注意检查天敌发生数量，当卵寄生率达 60%以上时，尽量避免施用化学杀虫剂，防止杀伤天敌。瓜绢螟的天敌已知有 4 种卵期的拟澳洲赤眼蜂、幼虫期的菲岛扁股小蜂和瓜绢螟绒茧蜂、幼虫至蛹期的小室姬蜂。其中拟澳洲赤眼蜂大量寄生瓜绢螟卵，每年 8—10 月，日均温在 17~28℃时，瓜绢螟卵寄生率在 60%以上，高时可持续 10 天以上接近 100%，可明显地抑制瓜绢螟的发生和为害。

（4）化学防治。在幼虫 1~3 龄卷叶前，可采用下列杀虫

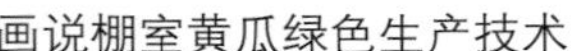

剂或配方进行防治：1.2% 烟碱·苦参碱乳油 800~1 500 倍液，或 0.5 藜芦碱 1 000~1 200 倍液，或 2% 阿维·苏云菌可湿性粉剂 2 000~3 000 倍液喷雾，间隔 7~8 天一次。

七、黄条跳甲

1. 为害特点

以成虫和幼虫为害。成虫咬食叶片成无数小孔，影响光合作用，严重时致整株菜苗枯死，还可加害留种株的嫩荚，影响留种；幼虫在土中危害菜根，蛀食根皮等，咬断须根，严重者造成植株地上部叶片萎蔫枯死（图 6–5–14）。该虫除直接危害菜株外，还可传播细菌性软腐病和黑腐病，造成更大的危害。

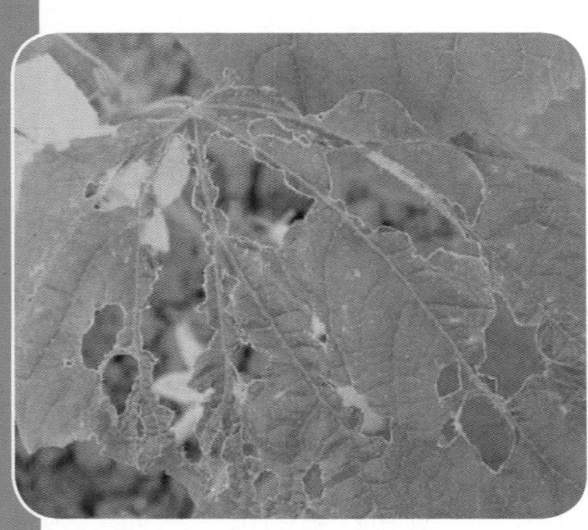

图 6–5–14　成虫为害叶片

2. 形态特征

成虫体长 1.8~2.4 毫米，椭圆形，黑色有光泽（图 6–5–15）。前胸背板及鞘翅上有许多点刻，各鞘翅中央有一黄色纵纹，呈弓形，后足腿节膨大，善跳跃；卵椭圆形，淡黄色，半透明，长约 0.3 毫米；幼虫老熟后体长约 4 毫米，黄白色，圆筒形，头、前胸背板和臀板淡褐色，其余部分乳白色，各体节有不显著肉瘤，瘤上着生细毛；蛹长 2 毫米，椭圆形，乳白色，腹末有一叉状突起。

图 6–5–15　成虫

3. 发生规律

1 年发生世代各地有异 : 黑龙江 2 代 / 年；华北地区 4~5 代 / 年；江浙 4~6 代 / 年；南昌 5~7 代 / 年；广州 7~8 代 / 年，世代重叠。以成虫在茎叶、杂草中潜伏越冬，翌春气温 10℃以上开始取食，20℃时食量大增，32~34℃时食量最大，超过 34℃则食量大减，对低温抵抗力亦强。广州地区成虫无明显越冬期，一年中以 4—5 月 (第 1 代) 危害最烈。成虫寿命可长达 1 年，善跳跃，遇惊扰即跳到地面或田边水沟，随即又飞回叶上取食。晴天中午高温烈日时 (尤其夏季) 多隐藏在叶背或土缝处，早晚出来危害。成虫具趋光性，对黑光灯尤为敏感。成虫产卵于泥土下的菜根上或其附近土粒上，孵出的幼虫生活于土中，蛀食根表皮并蛀入根内。老熟后在土中做室化蛹。

4. 防治方法

（1）农业防治。

① 彻底清除菜地及菜地周围的杂草和残株落叶，消灭黄条跳甲越冬场所和食料基地。

② 深翻晒土。并进行播前深翻晒土，改变幼虫的生活环境条件，同时兼有灭蛹作用。

③ 铺设地膜，避免成虫把卵产在根上。

④ 加强幼苗期肥水管理，促植株快长，以缩短或度过幼株受害危险期。

⑤ 与菠菜、生菜、胡萝卜和葱蒜类蔬菜等作物轮作，也可以与紫苏等具挥发性气味的蔬菜作物间作、混作或者套种，尽量避免重茬连作（图 6–5–16）。

图 6–5–16　轮作胡萝卜

（2）物理防治。

① 使用黑光灯或者频振式杀虫灯诱杀成虫。

② 在距地面 25 厘米处放置黄色或者白色粘虫板，每亩地 30~40 块，也可以较好地降低成虫数量。

③ 设置防虫网，阻挡其进入棚室内危害。

（3）化学防治。

① 可在早上 7:00–8:00 或下午 5:00–6:00 喷药，此时成虫出土后活跃性较差，药效好。

② 种子包衣处理能够保护幼苗不受黄条跳甲幼虫为害。

③ 用 90%敌百虫晶体 800 倍液，或用 2.5%溴氰菊酯乳油 3 000 倍液，或用 20%杀灭菊酯乳油 3 000 倍液喷雾防治。

八、烟粉虱

1. 为害特点

在我国北方裸露地面不能越冬，主要在蔬菜大棚、花卉大棚等场所越冬为害。成虫在叶背面产卵，平均卵量 160 粒 / 头左右，最高可达 500 粒 / 头。卵期约 5 天；若虫期约 15 天。成虫可在烟株上或烟株间作短距离扩散，一般寿命为 2 周，长的可达 1~2 个月。

成虫喜欢在嫩叶背面产卵，但随着烟株的生长，若虫在中、下部叶片发生较多（图 6–5–17）。成虫对黄色有强烈趋性；在长势较好、氮肥用量较多、水分少的烟株上危害较重；当受害植株萎蔫时，成虫大量迁出。

图 6–5–17　叶片背面

烟粉虱的寄主范围很广，食性杂，繁殖快，生活周期短，产卵量多，迁移性强，流动性大，极不易防治。

2. 形态特征

烟粉虱俗称小白蛾，成虫体长 1 毫米，危害番茄、黄瓜、辣

椒等蔬菜及棉花等众多作物（图6–5–18）。

图 6–5–18　烟粉虱放大后

3. 发生规律

烟粉虱的生活周期有卵、若虫和成虫 3 个虫态，1 年发生的世代数因地而异，在热带和亚热带地区每年发生 11~15 代，在温带地区露地每年可发生 4~6 代。成虫寿命 18~30 天。

有人报道烟粉虱的最佳发育温度为 26~28℃。烟粉虱成虫羽化后嗜好在中上部成熟叶片上产卵，而在原为害叶片上产卵很少。卵不规则散产，多产在背面。每头雌虫可产卵 30~300 粒，在适合的植物上平均产卵 200 粒以上。产卵能力与温度、寄主植物、地理种群密切相关。在干旱少雨的气候条件下容易暴发，6–8 月降雨量少，高温持续时间长，有利于该虫大发生。

4. 防治方法

（1）农业防治。

① 培育无虫苗， 育苗时要把苗床和生产温室分开，育苗前先彻底消毒，幼苗上有虫时在定植前清理干净，做到用做定植的棉苗无虫。

② 温室或棚室内，在栽培作物前要彻底杀虫，严密把关。

③ 结合农事操作，随时去除植株下部衰老叶片，并带出保护地外销毁。

④ 注意安排茬口、合理布局， 在温室、大棚内，黄瓜、番茄、茄子、辣椒、菜豆等不要混栽，有条件的可与芹菜、韭菜、蒜、蒜黄等间套种，以防粉虱传播蔓延。

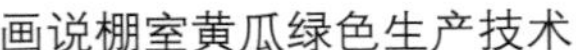

（2）物理防治。粉虱对黄色，特别是橙黄色有强烈的趋性，可在温室内设置黄板诱杀成虫。方法是用纤维板或硬纸版用油漆涂成橙黄色，再涂上1层黏性油（可用10号机油），每亩设置30~40块，置于植株同等高度。7~10天，黄色板粘满虫或色板黏性降低时再重新涂油。

（3）生物防治。

① 丽蚜小蜂是烟粉虱的有效天敌，许多国家通过释放该蜂，并配合使用高效、低毒、对天敌较安全的杀虫剂，有效地控制烟粉虱的大发生。

用丽蚜小蜂防治烟粉虱，当每株上面有粉虱0.5~1头时，每株放蜂3~5头，10天放1次，连续放蜂3~4次，可基本控制其为害。

放蜂的保护地要求白天温度能达到20~35℃，夜间温度不低于15℃，具有充足的光照。可以在蜂处于蛹期时（也称黑蛹）时释放，也可以在蜂羽化后直接释放成虫。如放黑蛹，只要将蜂卡剪成小块置于植株上即可。

② 此外，释放中华草蛉、微小花蝽、东亚小花蝽等捕食性天敌对烟粉虱也有一定的控制作用。

（4）化学防治。黄瓜上部叶片每叶50~60头成虫，番茄上部叶片每叶5~10头成虫作为防治指标），要及时进行药剂防治。

九、黄瓜红叶螨

1. 为害特点

以成虫或若虫聚集在叶片背面，以刺吸式口器吸取汁液，对叶片造成直接伤害，另外又分泌有害物质注入寄主体内，产生毒害作用，使其生理代谢出现紊乱（图6-5-19）。黄瓜叶片受害后，形成枯黄色色斑，严重时全叶干枯脱落，结瓜期缩短，甚至造成全株死亡。红叶螨为害广，除瓜

图6-5-19　叶片背面

类作物外，还为害茄科、豆科等作物。

2. 形态特征

雌螨体长 417~559 微米，宽 256~330 微米，椭圆形，锈红色或深红色。背部有针状刚毛 13 对。后半体表皮纹构成菱形。卵圆形，直径约 129 微米，橙黄色。

3. 发生规律

由北向南年发生 10~20 代。北方地区露地以雌成虫在杂草、枯枝、落叶及土缝中越冬，棚室内以各种虫态在残株、杂草上越冬。气温达到 10℃以上时，开始大量繁殖，先是点片发生，以后扩散到全棚。

4. 防治方法

（1）农业防治。农业防治清除田间杂草、枯枝败叶，可消灭大部分虫源和早春寄主。培育无虫幼苗。利用草蛉、食螨瘿蚊等天敌。

（2）化学防治。可选用 20% 双甲脒乳油 1 000~1 500 倍液，或 20%螨克乳油 2 000 倍液，或 20%灭扫利乳油 2 000 倍液，或 1.8%农克螨乳油 2000 倍液，或 50%阿波罗悬浮剂 5 000~6 000 倍液，或 1.6%齐墩螨素（爱福丁）乳油 2 000 倍液，或 25%奎硫磷乳油 800~1 000 倍液喷施。

第七章　棚室黄瓜的采后处理、贮藏和运输

第一节　采后处理

蔬菜采后处理，包括适时收获、按等分级、清洗加工、包装、预冷、短期贮藏、运输、市场销售的系列过程。其最终目的是使蔬菜从产地到市场，在一定时间内保持蔬菜新鲜、不变质，并维持各种蔬菜特有的风味。蔬菜经采后处理，既便于蔬菜上柜销售，又方便消费者携带，有利于增强产品的市场竞争力，提高经济效益。

一、采收前各种因素对蔬菜贮藏保鲜的影响

采前因素包括蔬菜种类、气候、施肥、灌溉、病虫害防治等。

（一）蔬菜种类

不同种类的耐贮性差异很大，各种蔬菜适宜贮藏的条件和要求也各不相同。这里列举部分蔬菜的最适贮藏条件及贮藏期，具体请参见表 7–1–1 。

表 7–1–1　部分蔬菜的最适贮藏条件与贮藏期

种类	温度（℃）	相对湿度（%）	贮藏期（天）	冻结温度（℃）	含水率（%）
茄子	7.2~10.0	90	7	–0.8	92.7
黄瓜	7.2~10.0	90~95	10~14	–0.5	96.1
南瓜	10.0~12.8	70~75	60~90	–0.8	90.5
番茄（完熟）	7.2~10.0	85~90	4~7	–0.5	94.1
青椒	7.2~10.0	90~95	14~21	–0.7	92.4

（二）气候

蔬菜生产过程中，光照、温度、湿度等因素，对产品的耐贮性影响也很大。光照充足，空气较干燥，昼夜温差大的地区，其产品的耐贮性较好。昼夜温差大、海拔高的山区生产的高山蔬菜，一般比较耐贮藏，而且品质好。反之，连续阴雨、昼夜温差小的气候会严重影响产品的贮藏性。选择贮藏产品时，应考虑气候因素。

（三）施肥

多施有机肥和富含氮、磷、钾的复合肥，增施钙、铁、硼、锰、锌、铜、钠等微量元素肥料，不仅能提高蔬菜的品质，还可增强贮藏性能，能减少贮藏过程中生理病害的发生，延缓衰老过程。

（四）水分

土壤水分不足，蔬菜生长不良，产量降低；土壤水分过多，降低产品质量，耐贮性变差。蔬菜生产中，发生病虫害是难以避免的，贮藏前必须把有病虫害的产品剔除，以免在贮藏期间继续发生蔓延，影响产品的等级和价格，造成销售困难。

二、收获

主要依据品种特性、成熟度、贮藏期长短、气候条件等因素考虑。蔬菜产品应按各自的标准适时采收，同时注意轻采轻放，防止对产品造成机械损伤，以免影响耐贮性能，也可减少病菌感染机会。

三、分级

蔬菜的分级原则：果菜类按大小一致、果皮颜色统一、形状基本相同等进行分级。蔬菜的外观可凭感观、经验进行分级；可进行大小分级；重量则可过称分级。设备先进的，可用机械化自动清洗、分级、过秤、包装等流水线作业来完成。

（一）水果型黄瓜

水果型黄瓜上市前的采收标准为果型表现充分、膨大适中，果质鲜嫩。根据黄瓜的形状、大小、质地等质量指标，将黄瓜分为一级品、二级品、三级品 3 个等级。

同一品种，新鲜洁净，无异常气味，表面无不正常的外来水分，充分发育，具有适于市场或贮存要求的成熟度。口感鲜嫩、清香，具有商品价值。

1. 一级品

（1）果形端正，瓜条挺直（果身内侧弯度 ≤ 0.5 厘米），粗细均匀，无明显膨大或收缩处。

（2）表面光滑完整，色泽翠绿，质地脆嫩。

（3）顶部带花，果柄 2 厘米 。

（4）无疤点、虫眼及其他伤害。

（5）瓜条长 12~16 厘米 。

2. 二级品

（1）果形较端正，瓜条较直（果身内侧弯度 0.5~1 厘米），粗细较为均匀，允许有 1 处不明显的膨大或收缩。

（2） 表面基本光滑完整，色泽翠绿，质地脆嫩。

（3） 顶部带花，果柄 2 厘米 。

（4）允许有 1~2 个小疤点，无虫眼及其他伤害。

（5） 瓜条长 10~18 厘米 。

3. 三级品

（1） 果形一般，瓜条较直（果身内侧弯度 ≤ 2 厘米 ），粗细不够均匀，有 1 处较为明显的膨大和收缩。

（2）表面基本光滑完整，质地未老化，色泽尚翠绿（未转淡）。

（3）允许顶部不带花，果柄 2 厘米 。

（4）允许有 3 处小疤点或 1 处虫眼或其他伤害。

（5）瓜条 7~20 厘米。

（二）密刺型黄瓜

根据黄瓜的形状、大小、质地等质量指标，将黄瓜分为一级品、二级品、三级品 3 个等级。黄瓜品质基本要求：新鲜洁净，无异常气味或口味，表面无不正常的外来水分，充分发育，具有适于市场或贮存要求的自然成熟度，口感鲜嫩、清香。

1. 一级品标准

果形端正，瓜条挺直，果身内侧弯度 ≤ 2 厘米，粗细均匀（无膨大或收缩部分）；刺瘤完整、幼嫩，顶部带花，果面带有白粉；色泽翠绿鲜亮，头端乌绿色 ≤ 3 厘米；无伤疤，无虫眼及其他伤害；瓜条长 20~30 厘米。

2. 二级品标准

果形较端正，瓜条较直，果身内侧弯度 ≤ 3 厘米，粗细较为均匀（允许有 1 处不明显的膨大或收缩部分）；刺瘤允许有少量不完整、幼嫩，顶部带花，果面有少量白粉；色泽翠绿，头端乌绿色 ≤ 4 厘米；允许有 1~2 处明显伤疤，无虫眼及其他伤害；瓜条长 20~30 厘米。

3. 三级品标准

果形一般，瓜条不够直，果身内侧弯度 ≤ 5 厘米，粗细不够均匀（允许有 1 处膨大或收缩部分）；刺瘤不完整，果面有少量白粉，允许不带花；色泽翠绿，头端乌绿色 5 厘米；无虫眼，允许有 3 处伤疤或虫眼及其他损伤；瓜条长允许 ≤ 20 厘米或 ≥ 30 厘米。

四、清洗

蔬菜清洗的目的，是为了使上市蔬菜外观干净，去掉泥土、杂质，外形美观。但不同品种清洗程度要求不同，如黄瓜，清洗不能过度，不要把瘤刺都洗刷掉，不要损伤产品原来的自然风貌。同时，必须注意清洗用的水应符合《无公害蔬菜》地方标准要求。

五、包装

蔬菜产品的包装应实行标准化，其包装物应符合《无公害蔬菜》地方标准要求，蔬菜实行包装是保证安全运输、贮藏的重要措施，也是实现净菜上市和蔬菜进超市的重要途径。上市的包装蔬菜，在其包装表面必须标明产地、品种、净重、生产单位及地址、采收日期和包装日期等字样。

蔬菜包装后，不仅能对产品起到保护作用，在运输、周转、搬动中减少摩擦、碰撞、挤压等造成的损伤；还能减少病菌感染和避免产品呼吸发热、造成温度剧变以致蔬菜变质的损失，所以包装技术也是一个重要的环节。蔬菜包装前还应该进行必要的采后处理，如预冷、清洗、吹干、打蜡等。

（一）包装容器

1. 包装容器种类

木箱、条筐（图 7–1–1）、竹筐、塑料筐和纸箱、泡沫箱（图 7–1–2）、塑料托盘（图 7–1–3）等。

图 7–1–1　外覆毛毯竹筐盛装

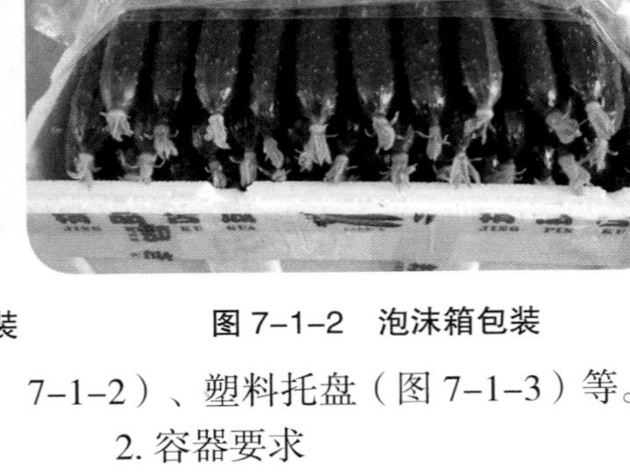

图 7–1–2　泡沫箱包装

图 7–1–3　塑料托盘包装

2. 容器要求

材质有一定的硬度、不易变形，能承受一定压力，质轻，无不良气味，价廉易得，大小适宜，规格一致，有利于搬运、堆放等。

3. 要求

同时，蔬菜包装容器也应符合《无公害蔬菜》地方标准的要求。一般用纸箱包装时，每箱装蔬菜以

15~20 千克为宜，用各种筐放置时，每筐以 20~25 千克为宜（图 7-1-4）。

图 7-1-4　外覆膜保湿盛装

（二）包装填充物品

为减少蔬菜在运输、搬动过程中的摩擦，应考虑包装容器内壁光滑平整，还可用垫衬物或填充物，特别是远途运输时，要考虑途中的气候变化，为防止热伤腐烂或受寒冷冻，可以采取加冰防热或保温防寒。运输是蔬菜产、供、销 3 个环节中的纽带，要求快装快运，轻搬轻放，以减少损失。

（三）水果型黄瓜

采用透气纸箱包装。纸箱大小和每箱的堆放质量应根据客户需要决定。一般采用 10 千克装，纸箱的耐压强度在 300 千克以上，长 40 厘米，宽 35 厘米，高 25 厘米（图 7-1-5）。

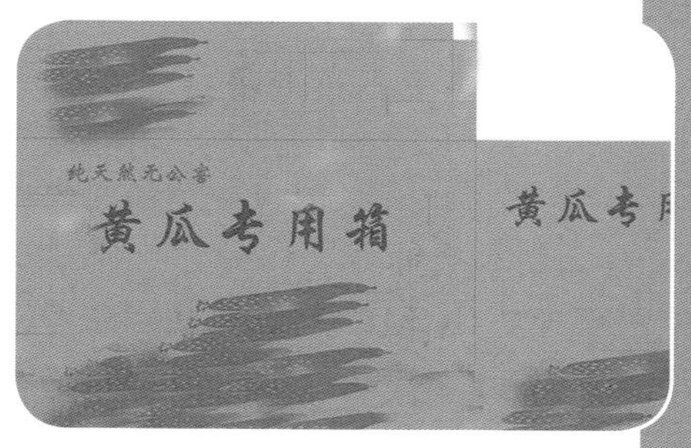

图 7-1-5　透气纸箱

1. 包装前

（1）适时采收，避免人为、机械或其他损伤。

（2）修整果品，去除果柄和表面污物。

（3）分级，修整后按相同品种、相同等级、相同大小规格集中堆放。

（4）折好纸箱，准备包装。需要预冷的，必须使用打孔纸箱，并将透气孔打开。

2. 包装

（1）装箱。按相同品种、等级、大小规格整齐摆放于箱内。以每箱质量一致为原则。分级熟练程度较高的，可以在大棚里按照上述要求直接装箱，能大大提高工作效率，并能避免堆放时发生的摩擦损伤。

（2）贴上标识并封口。按照基地准出要求，在所有纸箱上贴上标有品名、产地、等级、生产编码、生产日期、添加剂名称的标签。最后将箱口封牢。

图 7-1-6　透气纸箱加薄膜包装

（四）密刺黄瓜

采用透气纸箱包装。纸箱大小和每箱的堆放质量应根据客户需要决定。正常情况下，采用 10 千克 纸箱（打孔）装，纸箱的耐压强度在 300 千克 以上，其规格为长 40 厘米，宽 35 厘米，高 25 厘米（图 7-1-6）。

1. 包装前准备

（1）适时采收，避免人为、机械或其他损伤。

（2）去除过长果柄部分和表面污物，剔除畸形果、特大果、特小果等。

（3）分级，按相同品种、等级、大小规格集中堆放。

（4）折好纸箱，准备包装。需要预冷的，必须使用打孔纸箱，并将透气孔打开。

2. 装箱

将黄瓜按相同品种、等级、大小规格整齐摆放于箱内。以每箱质量一致为原则。分级熟练程度较高的，可以在大棚里按照上述要求直接装箱，能大大提高工作效率，并能避免堆放时发生摩擦损伤。

3. 贴标签、封口

按照基地标准出要求，在所有纸箱上贴上标有品名、产地、等级、生产编码、生产日期、添加剂名称的标签，最后将箱口封牢。

第二节　贮藏与运输

一、贮藏

鲜黄瓜可以生熟两用，产量高， 营养价值较高，口感好，是人们日常生活中普遍喜食的蔬菜，含有人体所需的多种营养成分，嫩果含水量在 94%~97% 。黄瓜生理活动旺盛，自然状态下容易失水，环境温度较高时易发黄，熟化，造成营养成分和口感下降，一般只能存放 3~10 天 。因此黄瓜采摘后如何贮运保鲜以期延长其货架寿命是一个值得重视的问题。科学的包装贮运方法，可以防止黄瓜因失水变质降低食用价值，同时在包装贮运前对黄瓜加以适当的处理、分级，也能提高产品的外观、档次、价格，从而提高经济价值。

（一）鲜黄瓜的失水规律

黄瓜成熟后由人员手工采摘，用编筐盛放进行贮运，其间果实或多或少暴露在空气中。这种贮运方法使黄瓜的水分挥发较快，包装过于简陋瓜体容易发生机械损伤，因而保存期较短。

黄瓜的失水规律与环境温度、空气湿度、黄瓜长度等因素有关。自然条件下第 1 天内黄瓜失水速率与黄瓜的直径和质量基本无关，第 2 天开始到第 9 天，黄瓜失水速率与黄瓜直径和质量显著负相关，失水的速率由快变慢；并且失水速率与环境的相对湿度显著负相关，与黄瓜长度的相关性不明显。黄瓜体内的水分需要连续不断地向体表迁移，果肉组织中由内向外形成了含水量梯度，水分迁移的距离也逐渐加大，使得黄瓜失水的速率逐渐趋缓。同理，直径大的比直径小的黄瓜失水速率要慢也与水分由内向外逐渐迁移的路程不同有关，黄瓜体内的水分是通过表面挥发的，直径较小的黄瓜体内的水分比直径较大的黄瓜更快地到达表面，失水的速率也较大。

新鲜黄瓜的质量和口感与含水量和失水速率有直接的关系，国外有关新鲜黄瓜的包装和贮运标准按照黄瓜的质量和直径进行分级。黄瓜表面水分的挥发速度与环境的相对湿度成反比。空气

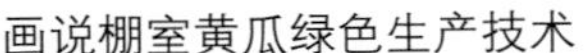

湿度越大，表面水分挥发的速度就越小，反之亦然。环境中有风速时，黄瓜的失水速率将会加快。

（二）黄瓜保鲜贮运包装方法

在黄瓜的生产消费中，自产自销的比例是很小的，大量的鲜黄瓜要经过流通领域的贮运方式进入市场再提供给消费者，这就涉及要尽量缩短贮运的时间和采用科学合理的包装贮运方法来给黄瓜保值保鲜。夏秋季贮运时间超过 48 小时以上的不能用通透空气的编筐装运鲜黄瓜，必须采用具有保湿和调温功能的包装方法。黄瓜的保鲜，内容涉及有效控制黄瓜失水和营养成分的减少，保持黄瓜的外观和食用口感等。采收后的鲜黄瓜要尽快包装、预冷，去掉所携带的田间热，立即入库。温度对黄瓜的保鲜很重要。标准规定黄瓜贮藏的空气相对湿度为 90%~95%；温度应在 7~10℃，贮运温度不能低于 0℃，以防止冻伤。保质期为 10 天左右。

直接食用的黄瓜，可用薄膜或玻璃纸单独包装或涂蜡（图 7–2–1）。低温下贮藏保鲜效果好，低温能有效地抑制黄瓜的呼吸，减缓失水速率，将黄瓜的生命活动维持在最低水平，保持黄瓜的质量。另外，黄瓜在包装贮运时应注意不要与其他可能产生乙烯的农产品（如西红柿、苹果、香蕉、桃、梨、甜瓜、柑橘等）混装，因为即使少量的乙烯也能大大加速黄瓜的过熟变黄 。

图 7–2–1　塑料箱薄膜保鲜包装

（三）贮藏方法

1. 低温贮藏

有自然降温和人工降温贮藏。将预冷后的蔬菜送进冷藏车、冷藏库进行贮藏。冷藏场所可以利用自然冷源、人工机械制冷和加冰降温来创造适宜蔬菜冷藏的温度。

2. 气调贮藏

人工控制贮藏场所的气体成分，达到抑制产品呼吸消耗作用的目的。气调法就是把蔬菜产品放置在低温、相对密闭的环境中，通过改变贮藏环境中的氧气、二氧化碳、氮气等气体成分比例，达到调节空气各成分的浓度，使其保持不完全呼吸状态，以便抑制蔬菜产品的新陈代谢和环境中的微生物活动，大大延长贮藏时间，从而达到贮藏保鲜的目的。气调法有自然降氧鲜藏、常温气调贮藏和冷库气调贮藏等。

二、运输

运输是黄瓜从产地到市场的过程。黄瓜采收后，经过一系列加工、贮藏后要进行销售，如果产地离市场较近，贮运过程就比较简单，但应防止途中日晒、雨淋等；反之，蔬菜贮运就比较复杂。因为蔬菜种类多，有不同的保鲜、包装要求，黄瓜含水量高，途中过冷、过热，都极易引起产品腐烂变质，而降低商品价值和失去食用价值。所以，科学地进行蔬菜的贮运，是为了在运输过程中更好地保持各种蔬菜原有的新鲜度、色泽、品质及风味。

长途运输，有条件的最好先进行预冷，使待运的蔬菜产品温度下降到适合贮藏的温度。如果用集装箱冷藏车运输，只要按标准件包装，装入冷藏车即可；冷藏车可按需要调温，使达到保鲜、保质的目的。如果用没有冷藏设备的火车或汽车运输，就要考虑黄瓜产品的耐冷耐热性、包装材料的性能和运输时间长短、地区间气候变化等因素，采取相应措施，防止在途中变质（图 7-2-2）。

图 7-2-2　恒温运输车

主要参考文献

陈正武，吕淑珍，马德华，等.2001.网室隔离黄瓜杂交制种技术的研究[J].天津农业科技(1): 4–9.

侯锋. 1999. 黄瓜[M]. 天津：天津科学技术出版社.

郎德山. 2015. 新编蔬菜栽培学各论[M]. 长春：吉林教育出版社.

李光，付海鹏，杜胜利. 2007. 我国黄瓜新品种应用和良种生产现状[J].长江蔬菜（1）30–32.

李怀智. 2003. 我国黄瓜栽培的现状及其发展趋势[J]. 蔬菜(8):3–4.

孟祥锋，姜俊，张明，等.2003. 黄瓜无公害生产技术规程[J]. 河南农业科学（8）：55–57.

牛全根，崔卫国. 2010. 秋黄瓜高产高效栽培技术[J]. 种业导刊（10）：41–42.

牛彦，王秀琴. 2003. 早春茬无公害黄瓜生产技术[J]. 内蒙古农业科技（B12）：80–82.

王凤芹，孔德强.2013. 大棚黄瓜利用黑籽南瓜嫁接育苗的优势及技术[J]. 现代农业科技（13）：103.

肖运成. 2004. 无公害黄瓜采后产品标准化处理技术[J]. 江苏农业科学（4）:97–98.

喻景权，王秀峰. 2014. 蔬菜栽培学总论[M]. 第3版. 北京：中国农业出版社.

张云平，钟少宁. 2008. 越冬长季节黄瓜嫁接育苗技术[J]. 河北农业科技（9）：14.

朱德蔚. 1997. 种子工程与农业发展[M]. 北京：中国农业出版社.